21 世纪高职高专新概念规划教材

复变函数与积分变换

（第二版）

主　编　张翠莲

副主编　牛　莉　曾大有

内 容 提 要

本书是根据教育部最新制定的《高职高专教育工程数学课程教学基本要求》编写的。主要内容包括：复数与复变函数、复变函数的极限与连续性，复变函数的导数、解析函数、初等解析函数，复变函数的积分，复变函数的幂级数和罗伦级数，留数与留数定理，傅里叶变换和拉普拉斯变换等。本书依据“以应用为目的，以必需、够用为度”的原则，在保证科学性的基础上，注意讲清概念，减少数学理论的推证，注重学生基本运算能力和分析问题、解决问题能力的培养，强调为学生学习后续专业课提供必备的数学知识。本教材力求叙述简明，深入浅出，分散难点，注重应用。

本教材既可作为高等专科学校、高等职业学校、成人高校及本科院校举办的二级职业技术学院和民办高校工科类各专业的教材，又可作为“专升本”及学历文凭考试的教材或参考书。

图书在版编目（CIP）数据

复变函数与积分变换 / 张翠莲主编. -- 2版. -- 北京 : 中国水利水电出版社, 2015.1
21世纪高职高专新概念规划教材
ISBN 978-7-5170-2769-0

Ⅰ. ①复… Ⅱ. ①张… Ⅲ. ①复变函数－高等职业教育－教材②积分变换－高等职业教育－教材 Ⅳ. ①O174.5②O177.6

中国版本图书馆CIP数据核字(2014)第308663号

策划编辑：雷顺加　　责任编辑：宋俊娥　　封面设计：李　佳

书　名	21世纪高职高专新概念规划教材 复变函数与积分变换（第二版）
作　者	主　编　张翠莲 副主编　牛　莉　曾大有
出版发行	中国水利水电出版社 （北京市海淀区玉渊潭南路1号D座　100038） 网址：www.waterpub.com.cn E-mail：mchannel@263.net（万水） sales@waterpub.com.cn 电话：（010）68367658（发行部）、82562819（万水）
经　售	北京科水图书销售中心（零售） 电话：（010）88383994、63202643、68545874 全国各地新华书店和相关出版物销售网点
排　版	北京万水电子信息有限公司
印　刷	北京正合鼎业印刷技术有限公司
规　格	170mm×227mm　16开本　10.5印张　212千字
版　次	2006年1月第1版　2006年1月第1次印刷 2015年1月第2版　2015年1月第1次印刷
印　数	0001—3000册
定　价	20.00元

第二版前言

本书在第一版基础上，根据多年的教学改革实践和高校教师提出的一些建议进行修订。修订工作主要包括以下方面的内容：

1．仔细校对并订正了第一版中的印刷错误。

2．对第一版教材中的某些疏漏予以补充完善。

3．调整了原书中的部分习题，使之与书中内容搭配更加合理。

负责本书修订编写工作的有张翠莲、牛莉、曾大有等。本书仍由张翠莲主编，由牛莉、曾大有担任副主编，各章编写分工如下：复变函数第 1 章、第 2 章由牛莉编写，第 3 章、第 4 章由曾大有编写，第 5 章由程广涛编写，积分变换第 1 章、第 2 章及书后附录由张翠莲编写。参加本书修订的还有何春江、翟秀娜、张钦礼、邓凤茹、赵艳、郭照庄、霍东升、戴江涛、张静、聂铭玮、刘园园等。

在修订过程中，我们认真考虑了读者的建议意见，在此对提出意见建议的读者表示衷心感谢。新版中存在的问题，欢迎广大专家、同行和读者继续给予批评指正。

编　者

2014 年 12 月

第一版前言

我国高等教育正在快速发展，教材建设也要与之适应，特别是教育部关于“高等教育面向21世纪内容与课程改革”计划的实施，对教材建设提出了新的要求。本书编写目的就是为了适应高等教育的快速发展，满足教学改革和课程建设的需求，体现高职高专教育的特点。

本书依据教育部制定的《高职高专教育基础课程教学基本要求》和《高职高专教育专业人才培养目标及规格》的要求，严格依据教育部提出的高职高专教育“以应用为目的，以必需、够用为度”的原则，精心选择了教材的内容，从实际应用和学生学习后续专业课的需要（实例）出发，加强数学思想和数学概念与工程实际结合的高职高专教学的特点，淡化了深奥的数学理论，每章都配有本章学习目标、本章小结、习题、自测题等，便于学生总结学习内容和学习方法，巩固所学知识。

全书内容包括：复数与复变函数、复变函数的极限与连续性，复变函数的导数、解析函数、初等解析函数，复变函数的积分，复变函数的幂级数和罗伦级数，留数与留数定理，傅里叶变换和拉普拉斯变换等。书后附有傅里叶变换表与拉普拉斯变换表、习题与自测题答案及提示。其中带有*的章节为选修内容。

本书可作为高等职业学校、高等专科学校、成人及本科院校举办的二级职业技术学院和民办高校各工科专业工程数学教材，也可作为工程技术人员的参考资料。

本书由张翠莲主编并统稿，各章编写分工如下：第1章、第2章由牛莉编写，第3章、第4章、第5章由曾大有编写，第6章、第7章及附录由张翠莲编写。参加本书编写工作的还有何春江、王晓威、翟秀娜、邓凤茹、张文治、张钦礼等。

在本书的编写过程中，编者参考了很多相关的书籍和资料，采用了一些相关内容，汲取了很多同仁的宝贵经验，在此谨表谢意。

由于时间仓促及作者水平所限，书中错误和不足之处在所难免，恳请广大读者批评指正，我们将不胜感激。

编　者

2005年10月

目　录

第二篇　积分变换

第一篇　复变函数

复数的概念起源于求方程的根，在二次、三次代数方程的求根中就出现了负数开平方的情况．在很长时间里，人们对这类数不能理解．但随着数学的发展，这类数的重要性就日益显现出来．复数的一般形式是：$a+bi$，其中 i 是虚数单位．

以复数作为自变量的函数叫做复变函数，而与之相关的理论就是复变函数论．解析函数是复变函数中一类具有解析性质的函数，复变函数论主要研究复数域上的解析函数，因此通常也称复变函数论为解析函数论．

复变函数论的发展简况

复变函数论产生于 18 世纪（1774 年）．欧拉在他的一篇论文中考虑了由复变函数的积分导出的两个方程．而比他更早时，法国数学家达朗贝尔在他的关于流体力学的论文中，就已经得到了它们．因此，后来人们提到这两个方程，把它们叫做“达朗贝尔—欧拉方程”．到了 19 世纪，上述两个方程在柯西和黎曼研究流体力学时，作了更详细的研究，所以这两个方程也被叫做“柯西—黎曼条件”．

复变函数论的全面发展是在 19 世纪，就像微积分的直接扩展统治了 18 世纪的数学那样，复变函数这个新的分支统治了 19 世纪的数学．当时的数学家公认复变函数论是最丰饶的数学分支，并且称为这个世纪的数学享受，也有人称赞它是抽象科学中最和谐的理论之一．

为复变函数论的创建做了最早期工作的是欧拉、达朗贝尔，法国的拉普拉斯也随后研究过复变函数的积分，他们都是创建这门学科的先驱．

后来为这门学科的发展作了大量奠基工作的要算是柯西、黎曼和德国数学家维尔斯特拉斯．20 世纪初，复变函数论又有了很大的进展，维尔斯特拉斯的学生，瑞典数学家列夫勒、法国数学家彭加勒、阿达玛等都作了大量的研究工作，开拓了复变函数论更广阔的研究领域，为这门学科的发展做出了贡献．

复变函数论在应用方面，涉及的面很广，有很多复杂的计算都是用它来解决的．比如物理学上有很多不同的稳定平面场，所谓场就是每点对应有物理量的一个区域，对它们的计算就是通过复变函数来解决的．

比如俄国的茹柯夫斯基在设计飞机的时候，就用复变函数论解决了飞机机翼的结构问题，他在运用复变函数论解决流体力学和航空力学方面的问题上也做出了贡献．

复变函数论不但在其他学科得到了广泛的应用，而且在数学领域的许多分支也都应用了它的理论．它已经深入到微分方程、积分方程、概率论和数论等学科，对它们的发展很有影响.

复变函数论的内容

复变函数论主要包括单值解析函数理论、黎曼曲面理论、几何函数论、留数理论、广义解析函数等方面的内容.

如果当函数的变量取某一定值的时候，函数就有一个唯一确定的值，那么这个函数就叫做单值解析函数，多项式就是这样的函数.

复变函数也研究多值函数，黎曼曲面理论是研究多值函数的主要工具. 由许多层面安放在一起而构成的一种曲面叫做黎曼曲面. 利用这种曲面，可以使多值函数的单值枝和枝点概念在几何上有非常直观的表示和说明. 对于某一个多值函数，如果能作出它的黎曼曲面，那么，函数在黎曼曲面上就变成单值函数.

黎曼曲面理论是复变函数域和几何间的一座桥梁，能够使我们把比较深奥的函数的解析性质和几何联系起来. 近来，关于黎曼曲面的研究还对另一门数学分支拓扑学有比较大的影响，逐渐地趋向于讨论它的拓扑性质.

复变函数论中用几何方法来说明、解决问题的内容，一般叫做几何函数论，复变函数可以通过共形映像理论为它的性质提供几何说明. 导数处处不是零的解析函数所实现的映像就都是共形映像，共形映像也叫做保角变换. 共形映像在流体力学、空气动力学、弹性理论、静电场理论等方面都得到了广泛的应用.

留数理论是复变函数论中一个重要的理论. 留数也叫做残数，它的定义比较复杂. 应用留数理论对于复变函数积分的计算比起线积分计算方便. 计算实变函数定积分，可以化为复变函数沿闭回路曲线的积分后，再用留数基本定理化为被积分函数在闭合回路曲线内部孤立奇点上求留数的计算，当奇点是极点的时候，计算更加简洁.

把单值解析函数的一些条件适当地改变和补充，以满足实际研究工作的需要，这种经过改变的解析函数叫做广义解析函数. 广义解析函数所代表的几何图形的变化叫做拟保角变换. 解析函数的一些基本性质，只要稍加改变后，同样适用于广义解析函数.

广义解析函数的应用范围很广泛，不但应用在流体力学的研究方面，而且像薄壳理论这样的固体力学部门也在应用. 因此，近年来这方面的理论发展十分迅速.

从柯西算起，复变函数论已有近 200 年的历史了. 它以其完美的理论与精湛的技巧成为数学的一个重要组成部分. 它曾经推动过一些学科的发展，并且常常作为一个有力的工具被应用在实际问题中，它的基础内容已成为理工科很多专业的必修课程. 现在，复变函数论中仍然有不少尚待研究的课题，所以它将继续向前发展，并将取得更多应用.

第 1 章　复数与复变函数

本章学习目标

- 熟练掌握复数的各种表示方法、模、辐角及其运算
- 明确平面点集、区域等的有关概念
- 理解复变函数的概念
- 掌握复变函数的极限和连续的概念

高等数学和复变函数研究的对象都是变量，所不同的是高等数学中的变量来自于实数集合，而复变函数中的变量来自于复数集合．本章先介绍复数的概念、运算、表示法以及复数的模与辐角公式等，最后介绍复变函数的概念、复变函数的极限与连续性．

1.1　复数

1.1.1　复数的概念

设 x，y 为两个任意实数，称形如 $x+iy$ 的数为复数，记为 $z=x+\mathrm{i}y$，其中 i 满足 $\mathrm{i}^2=-1$，称为虚数单位．实数 x 和 y 分别称为复数 z 的实部和虚部，记为

$$x=\operatorname{Re}z,\quad y=\operatorname{Im}z.$$

当 $x=0$，$y\neq 0$ 时，复数 $z=\mathrm{i}y$ 称为纯虚数；当 $y=0$ 时，复数 $z=x$ 为一个实数（实数可看作是复数的特殊情形）；例如，复数 $z=3+\mathrm{i}\cdot 0$ 就是实数 3．当 $x=y=0$ 时，复数 $z=0$，它既可看作实数也可看作纯虚数．全体复数构成的集合称为复数集，记作 C，即

$$C=\{z=x+\mathrm{i}y \mid x,y\in R\}.$$

设 $z_1=x_1+\mathrm{i}y_1$，$z_2=x_2+\mathrm{i}y_2$ 是 C 中任意两个复数，当且仅当 $x_1=x_2$，$y_1=y_2$ 时，称 z_1 与 z_2 相等，记作 $z_1=z_2$，即 $z_1=z_2 \Leftrightarrow x_1=x_2$，$y_1=y_2$．

称复数 $x+\mathrm{i}y$ 与 $x-\mathrm{i}y$ 互为共轭复数，复数 z 的共轭复数记作 $\overline{z}$，若 $z=x+\mathrm{i}y$，则 $\overline{z}=x-\mathrm{i}y$．

各数集之间的关系可表示为：

$$
\text{复数}\begin{cases}\text{实数}\begin{cases}\text{有理数}\\\text{无理数}\end{cases}\\\text{虚数}\begin{cases}\text{纯虚数}\\\text{非纯虚数}\end{cases}\end{cases}
$$

1.1.2 复数的代数运算

设复数 $z_1 = x_1 + \mathrm{i}y_1$，$z_2 = x_2 + \mathrm{i}y_2$，定义 z_1 与 z_2 的四则运算如下：

加法：$z_1 + z_2 = (x_1 + x_2) + \mathrm{i}(y_1 + y_2)$；

减法：$z_1 - z_2 = (x_1 - x_2) + \mathrm{i}(y_1 - y_2)$；

乘法：$z_1 z_2 = (x_1 x_2 - y_1 y_2) + \mathrm{i}(x_1 y_2 + x_2 y_1)$；

注意：复数 z_1 与 z_2 相乘，按多项式乘法法则，并利用 $\mathrm{i}^2 = -1$.

除法：$\dfrac{z_1}{z_2} = \dfrac{x_1 + \mathrm{i}y_1}{x_2 + \mathrm{i}y_2} = \dfrac{x_1 x_2 + y_1 y_2}{x_2^2 + y_2^2} + \mathrm{i}\dfrac{x_2 y_1 - x_1 y_2}{x_2^2 + y_2^2}$（$z_2 \neq 0$）.

注意：复数 z_1 与 z_2 相除时，先将它写成分数 $\dfrac{z_1}{z_2}$ 的形式，然后分子、分母分别乘以分母 z_2 的共轭复数 $\overline{z}_2$，再进行化简即得上述结果.

复数四则运算规律：

（1）加法交换律　$z_1 + z_2 = z_2 + z_1$；

（2）乘法交换律　$z_1 \cdot z_2 = z_2 \cdot z_1$；

（3）加法结合律　$z_1 + (z_2 + z_3) = (z_1 + z_2) + z_3$；

（4）乘法结合律　$z_1(z_2 \cdot z_3) = (z_1 \cdot z_2) z_3$；

（5）乘法对于加法的分配律　$z_1(z_2 + z_3) = z_1 z_2 + z_1 z_3$.

复数运算的其他结果：

（1）$z + 0 = z$，$0 \cdot z = 0$；

（2）$z \cdot 1 = z$，$z \cdot \dfrac{1}{z} = 1$；

（3）若 $z_1 z_2 = 0$，则 z_1 与 z_2 至少有一个为零，反之亦然.

共轭复数的运算性质：

（1）$\overline{\overline{z}} = z$；

（2）$\overline{z_1 \pm z_2} = \overline{z}_1 \pm \overline{z}_2$；

（3）$\overline{z_1 z_2} = \overline{z}_1 \overline{z}_2$；

（4）$\overline{\left(\dfrac{z_1}{z_2}\right)} = \dfrac{\overline{z}_1}{\overline{z}_2}$（$z_2 \neq 0$）；

（5）$z\overline{z} = [\operatorname{Re} z]^2 + [\operatorname{Im} z]^2$；

（6）$\operatorname{Re} z = \dfrac{z + \overline{z}}{2}$，$\operatorname{Im} z = \dfrac{z - \overline{z}}{2\mathrm{i}}$；

（7）$z = \overline{z} \Leftrightarrow z$ 为实数.

例 1 化简 $\dfrac{(2+3\mathrm{i})^2}{2+\mathrm{i}}$.

解 $\dfrac{(2+3\mathrm{i})^2}{2+\mathrm{i}}=\dfrac{4-9+12\mathrm{i}}{2+\mathrm{i}}=\dfrac{(-5+12\mathrm{i})(2-\mathrm{i})}{(2+\mathrm{i})(2-\mathrm{i})}$

$$=\frac{-10+12+29\mathrm{i}}{4+1}=\frac{2+29\mathrm{i}}{5}.$$

例 2 设 $z=\dfrac{1-2\mathrm{i}}{3-4\mathrm{i}}-\overline{\left(\dfrac{2+\mathrm{i}}{-5\mathrm{i}}\right)}$，求 $\mathrm{Re}\,z$，$\mathrm{Im}\,z$ 及 $z\overline{z}$.

解 $z=\dfrac{1-2\mathrm{i}}{3-4\mathrm{i}}-\dfrac{\overline{2+\mathrm{i}}}{\overline{-5\mathrm{i}}}=\dfrac{(1-2\mathrm{i})(3+4\mathrm{i})}{(3-4\mathrm{i})(3+4\mathrm{i})}-\dfrac{2-\mathrm{i}}{5\mathrm{i}}$

$$=\frac{11-2\mathrm{i}}{25}-\frac{(2-\mathrm{i})(-5\mathrm{i})}{5\mathrm{i}(-5\mathrm{i})}=\frac{11-2\mathrm{i}}{25}+\frac{5+10\mathrm{i}}{25}$$

$$=\frac{16}{25}+\frac{8}{25}\mathrm{i},$$

所以 $\mathrm{Re}\,z=\dfrac{16}{25}$，$\mathrm{Im}\,z=\dfrac{8}{25}$，

$$z\overline{z}=\left(\frac{16}{25}+\frac{8}{25}\mathrm{i}\right)\left(\frac{16}{25}-\frac{8}{25}\mathrm{i}\right)=\frac{64}{125}.$$

1.1.3 复数的各种表示、模与辐角

1. 复数的几何表示

由复数 $z=x+\mathrm{i}y$ 的定义可知，复数是由一对有序实数 (x,y) 唯一确定的，于是可建立全体复数和 xOy 平面上的全部点之间的一一对应关系，即可以用横坐标为 x，纵坐标为 y 的点 $P(x,y)$ 表示复数 $z=x+\mathrm{i}y$（如图 1.1 所示），这是一种几何表示法，通常称为点表示，并将点 z 与数 z 看作同义词.

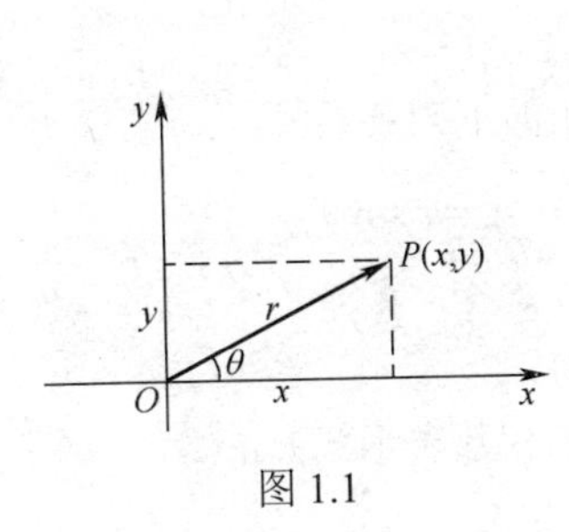

图 1.1

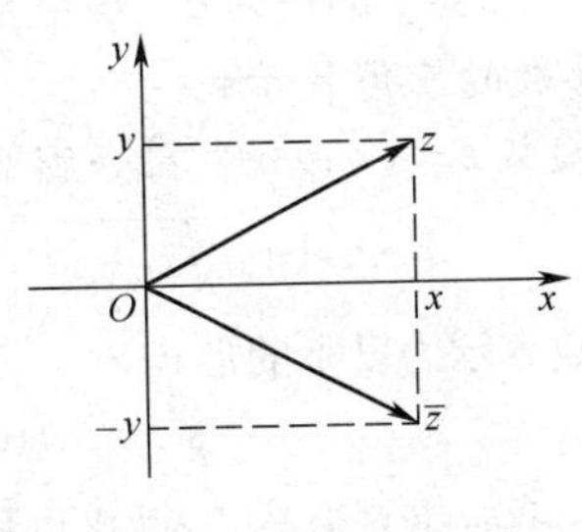

图 1.2

因实数与 x 轴上的点一一对应，故称 x 轴为实轴；纯虚数与 y 轴上的点一一对应，故称 y 轴为虚轴. 这样表示复数 z 的平面称为复平面或 z 平面.

显然，共轭复数 z 和 $\overline{z}$ 在复平面上表示点 z 与点 $\overline{z}$ 关于实轴对称（如图 1.2 所示）.

2. 复数的向量表示

复数 $z=x+\mathrm{i}y$ 还可以用起点为原点，终点为 $P(x,y)$ 的向量 $\overrightarrow{OP}$ 来表示（如图 1.1 所示），x 与 y 分别是 $\overrightarrow{OP}$ 在 x 轴与 y 轴上的投影. 这样，复数与平面上的向量之间也建立了一一对应关系.

3. 复数的模与辐角

（1）复数的模：图 1.1 中的向量 $\overrightarrow{OP}$ 的长度称为复数 $z=x+\mathrm{i}y$ 的模，记作 $|z|$ 或 r，即

$$|z|=r=\sqrt{x^2+y^2}\ .$$

关于复数 z 的模 $|z|$ 有：

1）$|z|=\sqrt{x^2+y^2}$；

2）$|z|=|\overline{z}|$，$z\overline{z}=|z|^2$；

3）$|z|\leqslant|x|+|y|$，$|x|\leqslant|z|$，$|y|\leqslant|z|$；

4）$|z_1z_2|=|z_1||z_2|$；

5）$|z_1+z_2|\leqslant|z_1|+|z_2|$；

6）$|z_1-z_2|\geqslant\big||z_1|-|z_2|\big|$.

其中 $|z_1-z_2|$ 又表示点 z_1 与 z_2 之间的距离.

（2）复数的辐角：设复数 $z\neq0$ 对应的向量为 $\overrightarrow{OP}$（如图 1.1 所示），$\overrightarrow{OP}$ 与实轴正方向所夹的角 θ，称为复数 z 的辐角，记作 $\operatorname{Arg}z$，即

$$\theta=\operatorname{Arg}z\ ,$$

并规定 θ 按逆时针方向取值为正，顺时针方向取值为负.

显然，一个复数的辐角有无穷多个，任两个辐角彼此之间相差 2π 的整数倍，其中满足条件 $-\pi<\theta_0\leqslant\pi$ 的辐角 θ_0，称为复数 z 的辐角主值，记为 $\arg z$，即 $\theta_0=\arg z$，于是有

$$-\pi<\arg z\leqslant\pi\ ,$$

$$\operatorname{Arg}z=\arg z+2k\pi\quad(k=0,\pm1,\pm2,\cdots)\ .$$

当 $z=0$ 时，规定 z 的模为 0，辐角无定义.

4. 复数的三角表示式

利用复数 $z=x+\mathrm{i}y$ 的实部、虚部、模与辐角的下列关系式：

$$r=|z|=\sqrt{x^2+y^2}\ ,\quad x=r\cos\theta\ ,\quad y=r\sin\theta\ ,$$

还可将复数表示为以下的形式

$$z=r(\cos\theta+\mathrm{i}\sin\theta)\ ,$$

称为复数 z 的三角表示式（$x+\mathrm{i}y$ 可称为复数 z 的代数表示式）.

5. 复数的指数表示式

由欧拉（Euler）公式 $\quad \mathrm{e}^{\mathrm{i}\theta}=\cos\theta+\mathrm{i}\sin\theta$，

复数 z 又可表示为 $\quad z=r\mathrm{e}^{\mathrm{i}\theta}$，

称为复数 z 的指数表示式.

复数的各种表示可以互相转换，例如，将复数 $z=x+\mathrm{i}y$ 化为三角表示式或指数表示式，只需计算 r 和 θ，即 $|z|$ 和 $\mathrm{Arg}\,z$，由 $r=|z|=\sqrt{x^2+y^2}$，易求出 r 的值.

再由　$x=r\cos\theta$，$y=r\sin\theta$，知

$$\tan\mathrm{Arg}\,z=\tan\theta=\frac{y}{x},$$

从而　$\mathrm{Arg}\,z=\theta=\arg z+2k\pi \quad (k=0,\pm1,\pm2,\cdots)$.

在确定主值 $\arg z$ 时，必须考虑点 z 所在的象限：

$$\underset{(z\neq0)}{\arg z}=\begin{cases}\arctan\dfrac{y}{x}, & \text{当 } x>0,\ y \gtreqless 0;\\ \arctan\dfrac{y}{x}+\pi, & \text{当 } x<0,\ y\geqslant 0;\\ \arctan\dfrac{y}{x}-\pi, & \text{当 } x<0,\ y<0;\\ \dfrac{\pi}{2}, & \text{当 } x=0,\ y>0;\\ -\dfrac{\pi}{2}, & \text{当 } x=0,\ y<0.\end{cases}$$

其中 $-\dfrac{\pi}{2}<\arctan\dfrac{y}{x}<\dfrac{\pi}{2}$.

例 3　求 $\mathrm{Arg}(2-2\mathrm{i})$ 和 $\mathrm{Arg}(-3+4\mathrm{i})$.

解　$\mathrm{Arg}(2-2\mathrm{i})=\arg(2-2\mathrm{i})+2k\pi=\arctan\dfrac{-2}{2}+2k\pi$

$$=-\frac{\pi}{4}+2k\pi \quad (k=0,\pm1,\pm2,\cdots),$$

$$\mathrm{Arg}(-3+4\mathrm{i})=\arg(-3+4\mathrm{i})+2k\pi=\arctan\frac{4}{-3}+2k\pi+\pi$$

$$=(2k+1)\pi-\arctan\frac{4}{3} \quad (k=0,\pm1,\pm2,\cdots).$$

例 4　求 $z=-1+\mathrm{i}\sqrt{3}$ 的三角表示式与指数表示式.

解　因为 $x=\mathrm{Re}\,z=-1$，$y=\mathrm{Im}\,z=\sqrt{3}$，

所以　$r=|z|=\sqrt{(-1)^2+(\sqrt{3})^2}=2$.

设 $\theta=\arg z$，则 $\tan\theta=\dfrac{\sqrt{3}}{-1}=-\sqrt{3}$，

又因为 $z=-1+\mathrm{i}\sqrt{3}$ 位于第 II 象限，所以 $\theta=\arg z=\dfrac{2\pi}{3}$，

于是　　$z=-1+\mathrm{i}\sqrt{3}=2(\cos\frac{2\pi}{3}+\mathrm{i}\sin\frac{2\pi}{3})=2\mathrm{e}^{\mathrm{i}\frac{2\pi}{3}}$.

例 5　求 $z_1=2\mathrm{i}$，$z_2=3$，$z_3=-1$，$z_4=-2\mathrm{i}$ 的三角表示式与指数表示式.

解　z_1,z_2,z_3,z_4 都是复平面上的特殊点，位于虚轴或实轴上，因此辐角主值可直接求出.

由于 z_1 位于虚轴上，并且在上半复平面，于是 $\theta_1=\arg z_1=\frac{\pi}{2}$，

又 $r_1=2$，所以 $z_1=2\left(\cos\frac{\pi}{2}+\mathrm{i}\sin\frac{\pi}{2}\right)=2\,\mathrm{e}^{\mathrm{i}\frac{\pi}{2}}$.

z_2 位于实轴上，且在右半复平面，因此 $\theta_2=\arg z_2=0$，

又 $r_2=3$，所以 $z_2=3(\cos 0+\mathrm{i}\sin 0)=3\mathrm{e}^{\mathrm{i}0}$，

z_3 位于实轴上，且在左半复平面，因此 $\theta_3=\arg z_3=\pi$，

又 $r_3=1$，所以 $z_3=1\cdot(\cos\pi+\mathrm{i}\sin\pi)=\mathrm{e}^{\mathrm{i}\pi}$.

z_4 位于虚轴上，且在下半复平面，于是 $\theta_4=\arg z_4=-\frac{\pi}{2}$，又 $r_4=2$，

所以 $z_4=2\left[\cos\left(-\frac{\pi}{2}\right)+i\sin\left(-\frac{\pi}{2}\right)\right]=2\,\mathrm{e}^{-\mathrm{i}\frac{\pi}{2}}$.

例 6　求下列方程所表示的曲线.

（1）$|z+\mathrm{i}|=2$；　　　　（2）$|z-2\mathrm{i}|=|z+2|$；

（3）$(1+\mathrm{i})\overline{z}+(1-\mathrm{i})z=-1$.

解　（1）由几何可直观看出，方程 $|z+\mathrm{i}|=2$ 表示中心在点 $-\mathrm{i}$，半径为 2 的圆（如图 1.3 所示）. 可用代数方法求出该圆在直角坐标系中的方程.

设 $z=x+\mathrm{i}y$，代入方程为 $|x+\mathrm{i}(y+1)|=2$，即 $x^2+(y+1)^2=4$.

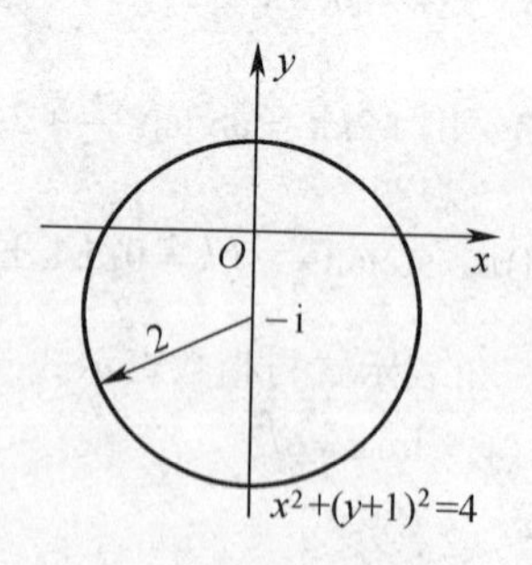

图 1.3

（2）几何上，方程 $|z-2\mathrm{i}|=|z+2|$ 表示到点 2i 和 -2 的距离相等的点的轨迹，因此该方程表示的曲线是连接点 2i 和 -2 的线段的垂直平分线（如图 1.4 所示）. 利用代数法，设 $z=x+\mathrm{i}y$，有

$|x+\mathrm{i}(y-2)|=|(x+2)+\mathrm{i}y|$，于是 $\sqrt{x^2+(y-2)^2}=\sqrt{(x+2)^2+y^2}$，即 $x+y=0$.

（3）设 $z=x+\mathrm{i}y$，该方程为

$$(1+\mathrm{i})(x-\mathrm{i}y)+(1-\mathrm{i})(x+\mathrm{i}y)=-1\text{，即 } x+y+\frac{1}{2}=0 \text{（如图 1.5 所示）.}$$

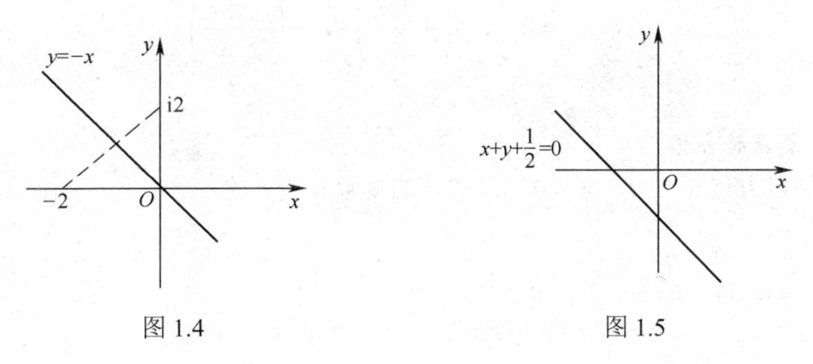

图 1.4　　　　图 1.5

此例说明平面曲线可用含复数 z 的方程式来表示，反之亦然.

1.1.4　复数的幂与根

1. 复数的乘幂

设 n 为正整数，n 个非零相同复数 z 的乘积，称为 z 的 n 次幂，记为 z^n，即

$$z^n=\underbrace{z\cdot z\cdot\cdots\cdot z}_{n\text{个}}.$$

若 $z=r(\cos\theta+\mathrm{i}\sin\theta)$，则有

$$z^n=r^n\mathrm{e}^{\mathrm{i}n\theta}=r^n(\cos n\theta+\mathrm{i}\sin n\theta).$$

当 $r=1$ 时，得到著名的棣莫弗（De Moivre）公式

$$(\cos\theta+\mathrm{i}\sin\theta)^n=\cos n\theta+\mathrm{i}\sin n\theta.$$

例 7　求 $(1-\mathrm{i})^4$.

解　因为　$1-\mathrm{i}=\sqrt{2}\left[\cos\left(-\frac{\pi}{4}\right)+\mathrm{i}\sin\left(-\frac{\pi}{4}\right)\right]$，

所以　$(1-\mathrm{i})^4=4[\cos(-\pi)+\mathrm{i}\sin(-\pi)]=-4$.

例 8　已知 $z_1=\sqrt{3}-\mathrm{i}$，$z_2=-\sqrt{3}+\mathrm{i}$，求 $\frac{z_1^8}{z_2^4}$.

解　因为　$z_1=\sqrt{3}-\mathrm{i}=2\left[\cos\left(-\frac{\pi}{6}\right)+\mathrm{i}\sin\left(-\frac{\pi}{6}\right)\right]$，

$$z_2=-\sqrt{3}+\mathrm{i}=2\left[\cos\left(\frac{5\pi}{6}\right)+\mathrm{i}\sin\left(\frac{5\pi}{6}\right)\right],$$

所以
$$\frac{z_1^8}{z_2^4}=\frac{2^8\left[\cos\left(-\frac{8\pi}{6}\right)+\mathrm{i}\sin\left(-\frac{8\pi}{6}\right)\right]}{2^4\left[\cos\left(\frac{20\pi}{6}\right)+\mathrm{i}\sin\left(\frac{20\pi}{6}\right)\right]}$$
$$=2^4\left[\cos\left(-\frac{28\pi}{6}\right)+\mathrm{i}\sin\left(-\frac{28\pi}{6}\right)\right]$$
$$=-8(1+\sqrt{3}\mathrm{i}).$$

2. 复数的方根

称满足方程 $w^n=z$（$w\neq0$，$n\geqslant2$）的复数 w 为 z 的 n 次方根，记作 $w=\sqrt[n]{z}$ 或记作 $w=z^{\frac{1}{n}}$.

当 $z=0$ 时，$w=0$；当 $z\neq0$ 时，令
$$z=r(\cos\theta+\mathrm{i}\sin\theta)，\quad w=\rho(\cos\varphi+\mathrm{i}\sin\varphi)，$$
由棣莫弗公式，可得
$$\rho^n(\cos n\varphi+\mathrm{i}\sin n\varphi)=r(\cos\theta+\mathrm{i}\sin\theta)，$$
即有
$$\rho^n=r，\cos n\varphi=\cos\theta，\sin n\varphi=\sin\theta，$$
也即
$$\rho^n=r，n\varphi=\theta+2k\pi\quad(k=0,\pm1,\pm2,\cdots)，$$
从而
$$\rho=r^{\frac{1}{n}}，\varphi=\frac{\theta+2k\pi}{n}\quad(k=0,\pm1,\pm2,\cdots).$$
故
$$w=\sqrt[n]{z}=r^{\frac{1}{n}}\mathrm{e}^{\mathrm{i}\frac{\theta+2k\pi}{n}}$$
$$=r^{\frac{1}{n}}\left(\cos\frac{\theta+2k\pi}{n}+\mathrm{i}\sin\frac{\theta+2k\pi}{n}\right)\quad(k=0,\pm1,\pm2,\cdots)$$
为方程 $w^n=z$ 的全部根，当 k 取 $0,1,2,\cdots,n-1$ 时得到方程 $w^n=z$ 的 n 个单根，这 n 个单根在几何上表示以原点为中心，$r^{\frac{1}{n}}$ 为半径的圆内接正 n 边形的 n 个顶点，当 k 取其他整数值时，得到方程的根必与这 n 个单根中的某个根重合.

方程 $w^n=1$（$n=2,3,\cdots,z\neq0$）在复数范围内有 n 个单根
$$w=\cos\frac{2k\pi}{n}+\mathrm{i}\sin\frac{2k\pi}{n}\quad(k=0,1,2,\cdots,n-1).$$
从几何上看，若设
$$w_n=\mathrm{e}^{\mathrm{i}\frac{2\pi}{n}}，$$
方程 $w^n=1$ 的 n 个单根可记为
$$1，w_n，w_n^2，w_n^3，\cdots，w_n^{n-1}.$$
它们是单位圆内接正 n 边形的 n 个顶点，以 $n=3$ 为例作图（如图 1.6 所示），$n=6$

为例作图（如图 1.7 所示）.

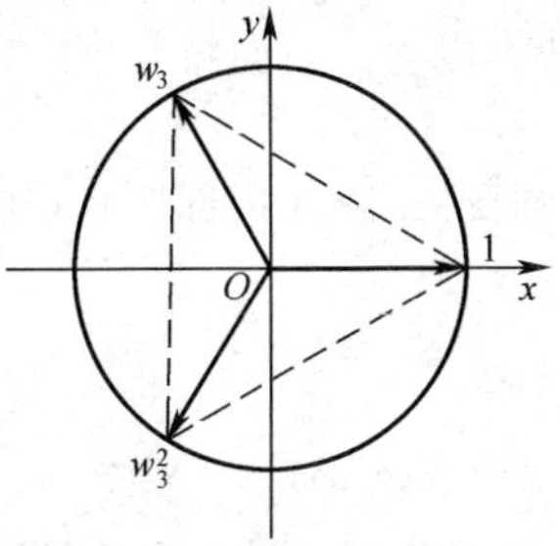

图 1.6

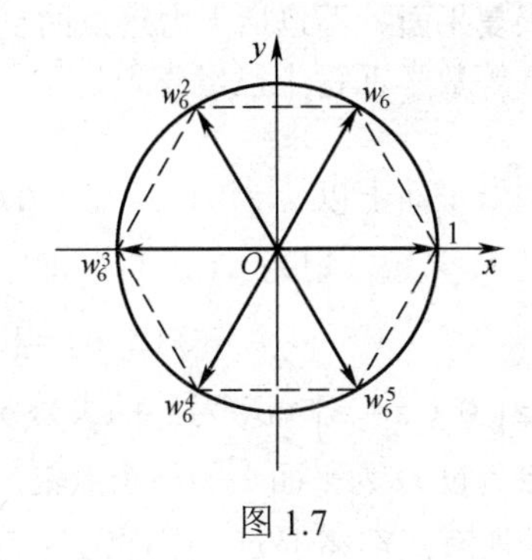

图 1.7

例 9 解方程 $z^6+1=0$.

解 因为 $z^6=-1=\cos\pi+\mathrm{i}\sin\pi$，

所以 $$\sqrt[6]{-1}=\cos\frac{\pi+2k\pi}{6}+\mathrm{i}\sin\frac{\pi+2k\pi}{6}\quad(k=0,1,2,3,4,5).$$

可求出 6 个根，它们是

$$z_0=\frac{\sqrt{3}}{2}+\frac{1}{2}\mathrm{i},\ z_1=\mathrm{i},\ z_2=-\frac{\sqrt{3}}{2}+\frac{1}{2}\mathrm{i},$$

$$z_3=-\frac{\sqrt{3}}{2}-\frac{1}{2}\mathrm{i},\ z_4=-\mathrm{i},\ z_5=\frac{\sqrt{3}}{2}-\frac{1}{2}\mathrm{i}.$$

例 10 计算 $\sqrt{-1-\mathrm{i}}$.

解 因为 $$-1-\mathrm{i}=\sqrt{2}\left[\cos\left(-\frac{3}{4}\pi\right)+\mathrm{i}\sin\left(-\frac{3}{4}\pi\right)\right],$$

所以 $$\sqrt{-1-\mathrm{i}}=\sqrt[4]{2}\left[\cos\frac{-\frac{3}{4}\pi+2k\pi}{2}+\mathrm{i}\sin\frac{-\frac{3}{4}\pi+2k\pi}{2}\right]\quad(k=0,1),$$

即 $$w_2^0=\sqrt[4]{2}\left(\cos\frac{3\pi}{8}-\mathrm{i}\sin\frac{3\pi}{8}\right),\ w_2^1=\sqrt[4]{2}\left(\cos\frac{5\pi}{8}+\mathrm{i}\sin\frac{5\pi}{8}\right).$$

1.2 区域

1.2.1 复平面上的点集与区域

在复数集中加入一个非正常的复数称为无穷大，记作 ∞ ，其实部、虚部与辐角都没有意义，但它的模规定为正无穷大，即 $|z|=+\infty$. 相应地，在复平面上添加一点，称为无穷远点，它与原点的距离为 $+\infty$.

扩充复平面　包括无穷远点在内的复平面称为扩充复平面.

有限复平面　不包括无穷远点的复平面称为有限复平面，或复平面.

在高等数学课程中已经学习过平面点集的基本概念，下面将其推广到复平面上.

邻域　平面上以 z_0 为圆心，$\delta>0$ 为半径的圆 $|z-z_0|<\delta$ 内部所有点的集合称为点 z_0 的 δ -邻域，记为 $N(z_0,\delta)$，即

$$N(z_0,\delta)=\{z\,|\,|z-z_0|<\delta\},$$

称集合 $\{z\,|\,0<|z-z_0|<\delta\}$ 为 z_0 的去心 δ -邻域，记作 $N(\hat{z}_0,\delta)$.

内点　设 D 为平面上的一个点集，$z_0\in D$，如果存在 z_0 的一个 δ -邻域，使该邻域内的所有点都属于 D，则称 z_0 为 D 的一个内点.

边界点　如果点 z_0 的任一邻域内既有属于 D 的点，也有不属于 D 的点，则称 z_0 为 D 的边界点.

外点　平面上既非 D 的内点又非 D 的边界点的点，称为 D 的外点.

图 1.8 中 z_0、z_1、z_2 分别表示为 D 的内点、边界点和外点.

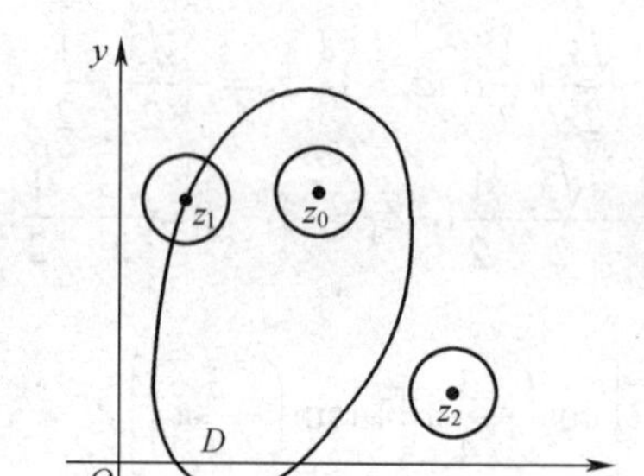

图 1.8

边界　点集 D 的全部边界点所组成的集合，称为 D 的边界.

注意：*D 的内点必属于 D；D 的外点必不属于 D；而 D 的边界点可能属于 D 也可能不属于 D.*

开集　如果点集 D 的每一个点都是 D 的内点，则称 D 为开集.

闭集　如果点集 D 的余集为开集，则称 D 为闭集.

连通集　设 D 是开集，如果对于 D 内任意两点，都可用折线连接起来，且该折线上的点都属于 D，则称开集 D 是连通集.

区域（或开区域）　连通的开集称为区域或开区域.

闭区域　开区域 D 连同它的边界一起，称为闭区域，记为 $\overline{D}$.

有界集、无界集　如果点集 D 可以包含在一个以原点为圆心，以有限值为半径的圆内（即存在一个正数 M，使得对任意的 $z\in D$，都有 $|z|\leqslant M$），则称 D 为有

界集，否则称 D 为无界集.

有界、无界区域（闭区域） 区域（闭区域）有界时，称为有界区域（有界闭区域），否则称为无界区域（无界闭区域）.

例如，圆盘：$|z-z_0|\leqslant r$ 为有界闭区域.

圆环 $r_1<|z-z_0|<r_2$ 为有界开区域.

上半平面 $\operatorname{Im} z>0$ 是无界开区域，$\operatorname{Im} z\geqslant 0$ 是无界闭区域.

角形域 $0<\arg z<\varphi$ 是无界区域.

1.2.2 单连通域与多（复）连通域

1. 简单曲线、简单闭曲线

设 $x(t)$ 与 $y(t)$ 是闭区间 $[\alpha,\beta]$ 上的实连续函数，则由方程

$$x=x(t)\text{，}\quad y=y(t)\quad(\alpha\leqslant t\leqslant\beta)$$

或由复数方程

$$z=z(t)=x(t)+iy(t)\qquad(\alpha\leqslant t\leqslant\beta)\text{（参数方程）}$$

所确定的点集 C 称为复平面（Z 平面）上的一条连续曲线，简称曲线.

若存在满足 $\alpha\leqslant t_1\leqslant\beta$，$\alpha\leqslant t_2\leqslant\beta$ 且 $t_1\neq t_2$ 的 t_1 与 t_2，使 $z(t_1)=z(t_2)$，则称此曲线 C 有重点，无重点的连续曲线称为简单曲线或约当（Jordan）曲线；除 $z(\alpha)=z(\beta)$ 外无其他重点的连续曲线称为简单闭曲线，例如，$z=\cos t+\mathrm{i}\sin t$ $(0\leqslant t\leqslant 2\pi)$ 是一条简单闭曲线（如图 1.9 所示）.

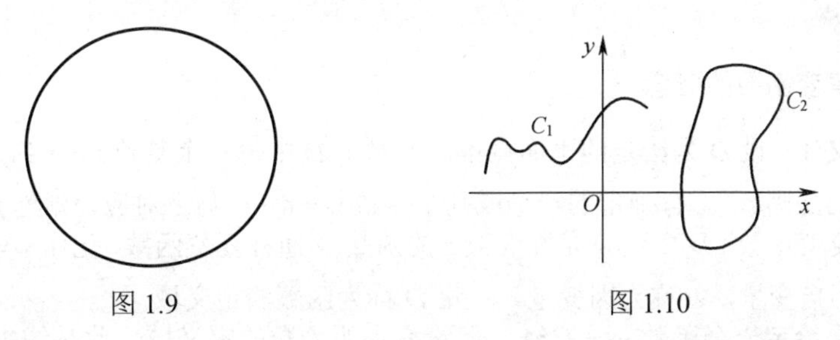

图 1.9　　图 1.10

在几何直观上，简单曲线是平面上没有“打结”情形的连续曲线，即简单曲线自身是不会相交的；简单闭曲线除了没有“打结”情形之外，还必须是封闭的，例如，图 1.10 中的 C_1 是简单曲线，C_2 是简单闭区域，图 1.11 中的 C_3,C_4 不是简单曲线，但 C_3 是闭曲线.

2. 光滑曲线、分段光滑曲线

设曲线 C 的方程为

$$z(t)=x(t)+iy(t)\qquad(\alpha\leqslant t\leqslant\beta)\text{，}$$

若 $x(t),y(t)$ 在 $[\alpha,\beta]$ 上可导且 $x'(t),y'(t)$ 连续不全为零，则称曲线 C 为光滑曲线，由若干段光滑曲线衔接而成的曲线称为分段光滑曲线.

例如，摆线 $x(t)=a(t-\sin t)$，$y(t)=a(1-\cos t)$（$a>0$）的一拱为一条光滑曲线，星形线 $x(t)=a\cos^3 t$，$y(t)=a\sin^3 t$ （$a>0$）为分段光滑曲线.

3. 单连通域、多连通域

设 D 是复平面上一区域，如果在 D 内任作一条简单闭曲线 C，其内部的所有点都在 D 中，则称区域 D 为单连通区域；否则称 D 为多连通区域或复连通区域.

例如，左半平面 $\mathrm{Re}\,z<0$，水平带域 $y_1<\mathrm{Im}\,z<y_2$（$y_1,y_2\in R$）；上半平面 $0<\arg z<\pi$ 均为单连通区域；圆环域 $r_1<|z-z_0|<r_2$（r_1,r_2 为正实数）为多连通域.

在几何直观上，单连通区域是一个没有“空洞（点洞）和缝隙”的区域，而多连通区域是有“洞或缝隙”的区域，它可以是由曲线 C 所围成的区域中挖掉几个洞，除去几个点或一条线段而形成的区域（如图 1.12 所示）.

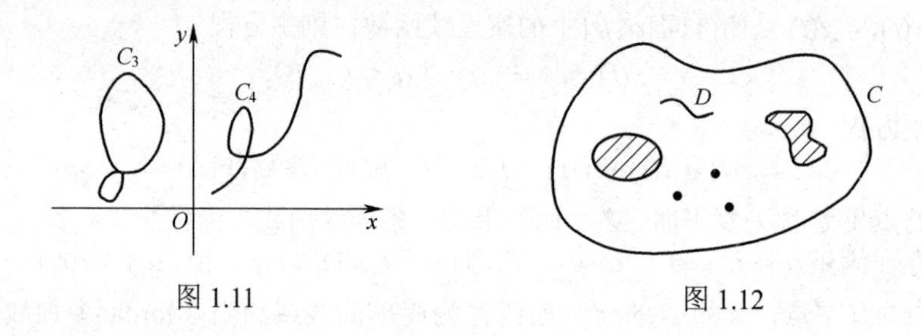

图 1.11　　　　图 1.12

1.3　复变函数

1.3.1　复变函数的概念

定义 1　设 D 为给定的平面点集，若对于 D 中每一个复数 $z=x+\mathrm{i}y$，按照某一确定的法则 f，总有确定的一个或几个复数 $w=u+\mathrm{i}v$ 与之对应，则称 f 是定义在 D 上的复变函数（复变数 w 是复变数 z 的函数），简称复变函数，记作 $w=f(z)$. 其中 z 称为自变量，w 称为因变量，点集 D 称为函数的定义域.

如果给定一个函数 $w=f(z)$，但没有指明函数的定义域，此时约定该函数的定义域为复变数 z 所能取的使 $w=f(z)$ 有意义的值的集合.

当取 $z_0\in D$ 时，由 $w=f(z)$ 确定的值 $w_0=f(z_0)$ 称为复变函数 $w=f(z)$ 在 z_0 处的函数值.

若一个 z 值对应着唯一一个 w 值，则称 $w=f(z)$ 为单值函数；若一个 z 值对应两个或两个以上 w 的值，则称 $w=f(z)$ 为多值函数，如无特别说明，所讨论的函数均指单值函数.

例如，函数 $w=z^{\frac{1}{2}}$ 是定义在整个复平面上的多值函数.

$w=\arg z$ 是定义在除原点外整个复平面上的单值函数.

$$w=\frac{1}{z}$$，其中 $\operatorname{Im} z>0$，是定义在上半平面的单值函数.

设　$z=x+\mathrm{i}y$，$w=u+\mathrm{i}v$，则 $w=f(z)$ 可改写为

$$w=u+\mathrm{i}v=f(x+\mathrm{i}y)=u(x,y)+\mathrm{i}v(x,y),$$

其中 $u(x,y)$，$v(x,y)$ 为二元实函数，比较上式的实部与虚部，得到

$$u=u(x,y),\quad v=v(x,y),$$

所以，一个复变函数 $w=f(z)$ 就对应着一对二元实变函数 $u=u(x,y)$ 与 $v=v(x,y)$，因而 $w=f(z)$ 的性质就取决于 $u=u(x,y)$ 和 $v=v(x,y)$ 的性质.

例 11　将定义在全平面上的复变函数 $w=z^2+1$ 化为一对二元实变函数.

解　设 $z=x+\mathrm{i}y$，$w=u+\mathrm{i}v$，代入 $w=z^2+1$，得

$$w=u+\mathrm{i}v=(x+\mathrm{i}y)^2+1=x^2-y^2+1+2\mathrm{i}xy,$$

比较实部与虚部得

$$u=x^2-y^2+1,\quad v=2xy.$$

例 12　将定义在全平面除原点区域上的一对二元实变函数

$$u=\frac{2x}{x^2+y^2},\quad v=\frac{y}{x^2+y^2}\quad (x^2+y^2\neq 0)$$

化为一个复变函数.

解　设 $z=x+\mathrm{i}y$，$w=u+\mathrm{i}v$，则 $w=u+\mathrm{i}v=\dfrac{2x+\mathrm{i}y}{x^2+y^2}$，

将 $x=\frac{1}{2}(z+\bar{z})$，$y=\frac{1}{2\mathrm{i}}(z-\bar{z})$ 以及 $x^2+y^2=z\bar{z}$ 代入上式，

整理后，得

$$w=\frac{3}{2\bar{z}}+\frac{1}{2z}\quad (z\neq 0).$$

1.3.2　映射的概念

在高等数学中，常将函数用几何图形表示，为研究函数的性质提供了许多直观的帮助. 若将复变函数也用图形来表示，就需要通过两个复平面上的点集之间的对应关系来给出（因为自变量 z 和函数 w 都是复数）.

如果复数 z 和 w 分别用 Z 平面和 W 平面上的点表示，则函数 $w=f(z)$ 在几何上，可以看成是将 Z 平面上的定义域 D 变到 W 平面上的函数值域 G 的一个变换或映射，它将 D 内的一点 z 变为 G 内的一点 w，$w=f(z)$（如图 1.13 所示）.

例如，函数 $w=z^2$ 将 Z 平面上的扇形区域

$$0<\theta<\frac{\pi}{4},\qquad 0<r<2$$

映射成 W 平面上的扇形区域（如图 1.14 所示）

$$0<\varphi<\frac{\pi}{2}, \qquad 0<\rho<4.$$

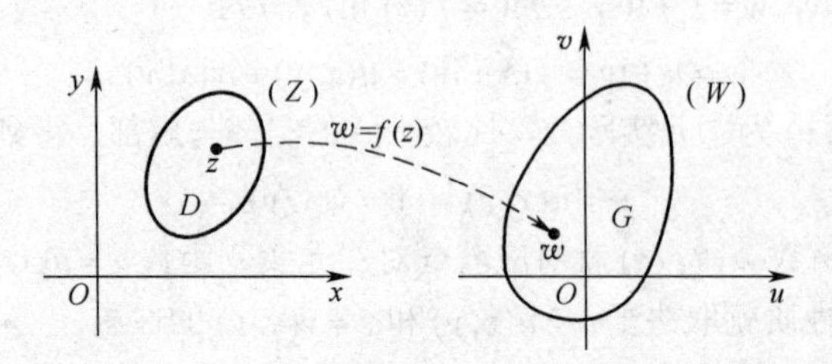

图 1.13

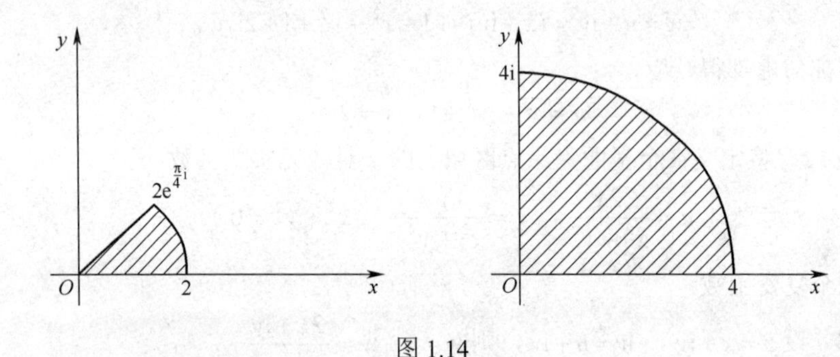

图 1.14

若将 Z 平面与 W 平面重叠起来，则映射 $w=z+1$，可看成是将 Z 平面上每一点都向右移了一个单位；映射 $w=\mathrm{i}z$ 是将 Z 平面上作为向量的每一个点按逆时针旋转了 $\frac{\pi}{2}$ 角度；映射 $w=\bar{z}$ 是将复平面上每一点映射到它关于实轴的对称位置.

1.3.3 反函数与复合函数

1. 反函数

定义 2 设 $w=f(z)$ 定义在 Z 平面的点集 D 上，函数值集合 G 在 W 平面上. 若对任意 $z\in D$，在 G 内有确定的 w 与之对应. 反过来，若对任意一点 $w\in G$，通过法则 $f(z)=w$，总有确定的 $z\in D$ 与之对应，按照函数的定义，在 G 中确定了 z 为 w 的函数，记作 $z=f^{-1}(w)$，称为函数 $w=f(z)$ 的反函数，也称为映射 $w=f(z)$ 的逆映射.

例如，$w=\dfrac{az+b}{cz+d}$ 的反函数为 $z=-\dfrac{dw-b}{cw-a}$，其中 a,b,c,d 为复常数.

2. 复合函数

定义 3 设函数 $w=f(h)$ 的定义域为 D_1，函数 $h=\varphi(z)$ 的定义域为 D_2，值域 $G\subset D_1$. 若对任一 $z\in D_2$，通过 $h=\varphi(z)$ 有确定的 $h\in G\subset D_1$ 与之对应，从而通过

$w=f(h)$有确定的w值与z对应，按照函数的定义，在D_2中确定了w是z的函数，记作$w=f[\varphi(z)]$，称其为$w=f(h)$与$h=\varphi(z)$的复合函数.

例如，函数$w=\dfrac{1}{h_1}$（$h_1\neq 0$），$h_1=h_2+\beta$，$h_2=\alpha z$，（α,β均为复常数）的复合函数为$w=\dfrac{1}{\alpha z+\beta}$.

1.4 复变函数的极限与连续性

1.4.1 复变函数的极限

定义 4 设函数$f(z)$在z_0的某去心邻域内有定义，若对任意给定的正数ε（无论它多么小），总存在正数$\delta(\varepsilon)$，使得适合不等式$0<|z-z_0|<\delta(\varepsilon)$的所有$z$，对应的函数值$f(z)$都满足不等式$|f(z)-A|<\varepsilon$，则称复常数$A$为函数$f(z)$当$z\to z_0$时的极限，记作

$$\lim_{z\to z_0} f(z)=A \text{ 或 } f(z)\to A \quad (z\to z_0).$$

注意：定义中z趋近于z_0的方式是任意的.

极限定义的几何意义可解释为：无论点A的ε-邻域取得多么小，总可以找到z_0的一个去心δ-邻域，当变量z落在z_0的去心δ-邻域内（左图圆盘），函数$f(z)$的值便落入A的ε-邻域内（右图圆盘）（如图 1.15 所示）.

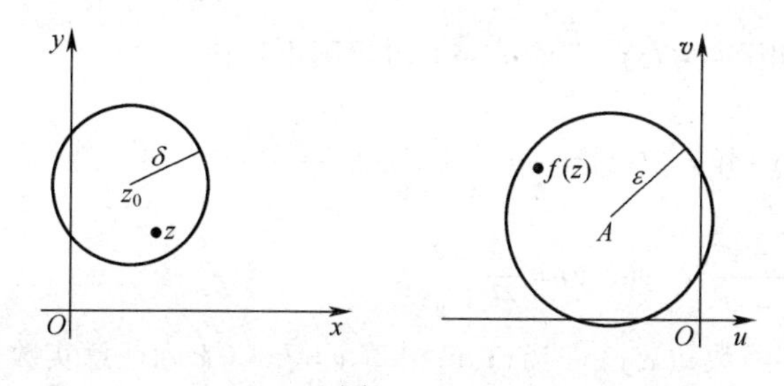

图 1.15

定理 1 设$f(z)=u(x,y)+\mathrm{i}v(x,y)$，$z_0=x_0+\mathrm{i}y_0$，则

$$\lim_{z\to z_0} f(z)=A=u_0+\mathrm{i}v_0$$

的充分必要条件为$\lim\limits_{\substack{x\to x_0\\ y\to y_0}} u(x,y)=u_0$ 且 $\lim\limits_{\substack{x\to x_0\\ y\to y_0}} v(x,y)=v_0$.

此定理告诉我们，复变函数极限的存在性等价于其实部、虚部两个二元函数极限的存在性，这样就把复变函数的极限转化为求该函数的实部与虚部的极限，也就是求两个二元实数的极限．因此，实变函数中的那些关于极限的运算性质，对于复变函数依然成立．譬如，复变函数的极限四则运算法则，可叙述为：

设 $\lim\limits_{z\to z_0} f(z)=A$，$\lim\limits_{z\to z_0} g(z)=B$，则

（1）$\lim\limits_{z\to z_0}[f(z)\pm g(z)]=\lim\limits_{z\to z_0} f(z)\pm\lim\limits_{z\to z_0} g(z)=A\pm B$.

（2）$\lim\limits_{z\to z_0}[f(z)\cdot g(z)]=\lim\limits_{z\to z_0} f(z)\cdot\lim\limits_{z\to z_0} g(z)=AB$.

（3）$\lim\limits_{z\to z_0}\dfrac{f(z)}{g(z)}=\dfrac{\lim\limits_{z\to z_0} f(z)}{\lim\limits_{z\to z_0} g(z)}=\dfrac{A}{B}$（$B\neq 0$）.

例 13 试求下列函数的极限.

（1）$\lim\limits_{z\to 1+i}\dfrac{\overline{z}}{z}$；（2）$\lim\limits_{z\to 1}\dfrac{z\overline{z}-\overline{z}+z-1}{z-1}$.

解（1）法 1 设 $z=x+\mathrm{i}y$，则 $\overline{z}=x-\mathrm{i}y$，且

$$\frac{\overline{z}}{z}=\frac{x-\mathrm{i}y}{x+\mathrm{i}y}=\frac{x^2-y^2}{x^2+y^2}+\mathrm{i}\frac{-2xy}{x^2+y^2},$$

得

$$\lim_{z\to 1+\mathrm{i}}\frac{\overline{z}}{z}=\lim_{\substack{x\to 1\\ y\to 1}}\frac{x^2-y^2}{x^2+y^2}+\mathrm{i}\lim_{\substack{x\to 1\\ y\to 1}}\frac{-2xy}{x^2+y^2}=-\mathrm{i}.$$

法 2

$$\lim_{z\to 1+\mathrm{i}}\frac{\overline{z}}{z}=\frac{\lim\limits_{z\to 1+\mathrm{i}}\overline{z}}{\lim\limits_{z\to 1+\mathrm{i}} z}=\frac{1-\mathrm{i}}{1+\mathrm{i}}=-\mathrm{i}$$

（2） 设 $z=x+\mathrm{i}y$，则 $\overline{z}=x-\mathrm{i}y$，

得

$$\lim_{z\to 1}\frac{z\overline{z}-\overline{z}+z-1}{z-1}=\lim_{z\to 1}\frac{(z-1)(\overline{z}+1)}{z-1}=\lim_{z\to 1}(\overline{z}+1)=2.$$

例 14 证明函数 $f(z)=\dfrac{\overline{z}}{z}$ 在 $z\to 0$ 时极限不存在.

证 设 $z=x+\mathrm{i}y$，$f(z)=\dfrac{\overline{z}}{z}=\dfrac{x^2-y^2}{x^2+y^2}+\dfrac{-2xy}{x^2+y^2}\mathrm{i}$，

而 $u(x,y)=\dfrac{x^2-y^2}{x^2+y^2}$，$v(x,y)=\dfrac{-2xy}{x^2+y^2}$.

考虑二元实函数 $u(x,y)$，当 (x,y) 沿着 $y=kx$（k 为任意实数）趋向于 0，即

$$\lim_{(x,y)\to(0,0)} u(x,y)=\lim_{\substack{x\to 0\\ (y=kx)}} u(x,y)=\frac{1-k^2}{1+k^2}.$$

显然，极限值随 k 值的不同而不同，所以根据二元实变函数极限的定义可知，$u(x,y)$ 在 (x,y) 趋向于 0 时的极限不存在，即得结论.

1.4.2 复变函数的连续

定义 5 设 $f(z)$ 在点 z_0 的某邻域内有定义，若 $\lim\limits_{z\to z_0} f(z)=f(z_0)$，则称函数 $f(z)$ 在点 z_0 处连续.

若 $f(z)$ 在区域 D 内每一个点都连续，则称函数 $f(z)$ 在区域 D 内连续.

由定理 1 及定义 5 得如下定理.

定理 2　函数 $f(z)=u(x,y)+\mathrm{i}v(x,y)$，在 $z_0=x_0+\mathrm{i}y_0$ 处连续的充要条件是 $u(x,y)$ 和 $v(x,y)$ 都在点 (x_0,y_0) 处连续.

由此又有以下定理.

定理 3　在 z_0 处连续的两个函数的和、差、积、商（分母在 z_0 处不等于零）在 z_0 处仍连续.

例 15　求 $\lim\limits_{z\to \mathrm{i}}\dfrac{\overline{z}-1}{z+2}$.

解　因为 $\dfrac{\overline{z}-1}{z+2}$ 在点 $z=\mathrm{i}$ 处连续，故

$$\lim_{z\to \mathrm{i}}\frac{\overline{z}-1}{z+2}=\frac{-\mathrm{i}-1}{\mathrm{i}+2}=-\frac{3}{5}-\frac{\mathrm{i}}{5}.$$

显然，关于 z 的多项式函数 $w=P(z)=a_0+a_1z+a_2z^2+\cdots+a_nz^n$ 在复平面上所有的点处都连续，而有理分式函数 $w=\dfrac{P(z)}{Q(z)}$（$P(z),Q(z)$ 都是多项式）在复平面上除使分母为零的点外都连续.

例 16　讨论函数 $\arg z$ 的连续性.

解　设 z_0 为复平面上任意一点，则：

当 $z_0=0$ 时，$\arg z$ 在 z_0 无定义，故 $\arg z$ 在 $z_0=0$ 处不连续.

当 z_0 落在负实轴上时，由于 $-\pi<\arg z\leqslant\pi$，在 z 从实轴上方趋于 z_0 时，$\arg z$ 趋于 π，在 z 从实轴下方趋于 z_0 时，$\arg z$ 趋于 $-\pi$，所以 $\arg z$ 不连续. 当 z_0 为其他情况时，由于 $\lim\limits_{z\to z_0}\arg z=\arg z_0$，所以 $\arg z$ 连续.

仿照高等数学中复合函数连续性的讨论方法，给出复变函数中复合函数连续性定理.

定理 4　若函数 $h=g(z)$ 在点 z_0 处连续，函数 $w=f(h)$ 在 $h_0=g(z_0)$ 连续，则复合函数 $w=f[g(z)]$ 在 z_0 处连续（证略）.

下面将二元实变连续函数在闭区域上的重要性质——有界性、最大值与最小值性质推广到有界闭区域上连续的复变函数中.

最值性质　当 $f(z)$ 在有界闭区域 $\overline{D}$ 上连续时，则 $|f(z)|=\sqrt{u^2(x,y)+v^2(x,y)}$ 也在 $\overline{D}$ 上连续，且可以取得最大值和最小值.

有界性　$f(z)$ 在 $\overline{D}$ 上有界，即存在一正数 M，使对于 $\overline{D}$ 上所有点，都有 $|f(z)|\leqslant M$.

例 17　讨论 $f(z)=\mathrm{e}^x\cos y+\mathrm{i}\mathrm{e}^x\sin y$ 在闭圆域 $\overline{D}$：$|z|\leqslant 1$ 上的连续性，并求 $|f(z)|$ 在 $\overline{D}$ 上的最大值与最小值.

解　因为 $u(x,y)=\mathrm{e}^x\cos y$ 和 $v(x,y)=\mathrm{e}^x\sin y$ 在 $\bar{D}$ 上连续，故 $f(z)$ 及 $|f(z)|$ 在 $\bar{D}$ 上都连续.

又因为 $|f(z)|=\sqrt{\mathrm{e}^{2x}(\cos^2 y+\sin^2 y)}=\mathrm{e}^x$，故它在 $\bar{D}$ 上的最大值与最小值分别就是 e^x 的最大值与最小值.

在 $\bar{D}$ 内当 $x=1$ 时，e^x 取到最大值 e；当 $x=-1$ 时，e^x 取到最小值 e^{-1}，即对任意 $z\in\bar{D}$，都有 $\frac{1}{\mathrm{e}}\leqslant|f(z)|\leqslant\mathrm{e}$.

特别指出，$f(z)$ 在曲线 C 上的点 z_0 处连续的意义是

$$\lim_{z\to z_0}f(z)=f(z_0),\quad z\in C.$$

本章小结

本章主要研究了复数的定义、运算、各种表示式、平面点集、区域、复变函数以及复变函数的极限与连续等，为加深对这些概念的理解，现归纳总结如下：

1．实数域是有序的，因而实数能比较大小，复数域是对实数域的扩张，而复数是不能比较大小的；不是所有实数都能开偶次方，但任何复数都能开任何次方，非零复数开 n 次方有 n 个不同的根.

2．复数有各种表示式，如代数式、三角式、指数式，根据研究问题的不同，选择不同的表示式，如在加、减运算时用代数式，在乘、除或开方运算时用三角式或指数式较简便，指数式的应用最为广泛.

3．由复数的代数式求其辐角或在代数式与三角式的相互转化时可利用关系式 $\tan\theta=\frac{y}{x}$，但不能认为总有 $\arg z=\arctan\frac{y}{x}$，两者的关系如下表.

主辐角	x,y 取值范围	反正切表示式	图形
$\theta=\arg z$ $(z\neq0)$ $-\pi<\arg z\leqslant\pi$	$x>0$ $y>0$	$\arctan\frac{y}{x}$	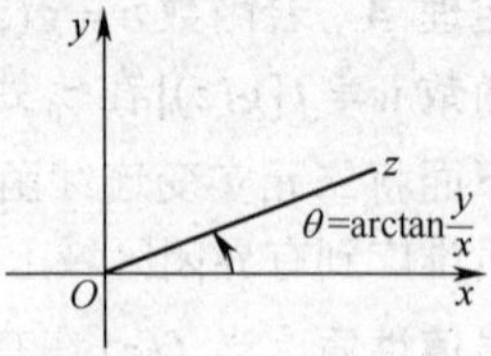 $\theta=\arctan\frac{y}{x}$
	$x>0$ $y<0$	$\arctan\frac{y}{x}$	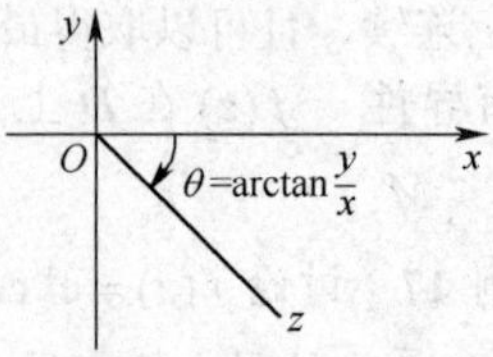 $\theta=\arctan\frac{y}{x}$

续表

主辐角	x, y 取值范围	反正切表示式	图形
$\theta = \arg z$ $(z \neq 0)$ $-\pi < \arg z \leqslant \pi$	$x < 0$ $y > 0$	$\arctan\dfrac{y}{x} + \pi$	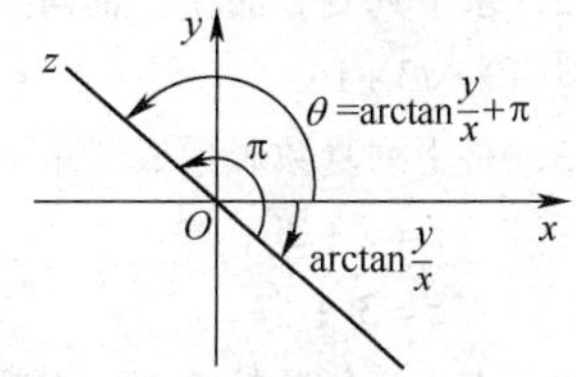 y, z, $\theta = \arctan\frac{y}{x} + \pi$, π, O, x, $\arctan\frac{y}{x}$
	$x < 0$ $y < 0$	$\arctan\dfrac{y}{x} - \pi$	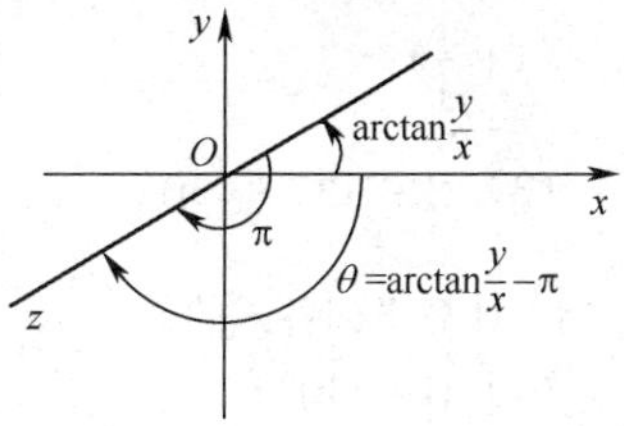 y, $\arctan\frac{y}{x}$, O, x, π, $\theta = \arctan\frac{y}{x} - \pi$, z

4．对平面点集的研究，是为今后研究复变函数奠定基础，重点要掌握区域这个概念，明确其他概念的建立都与这个概念密切相关；简单曲线特别是简单闭曲线经常作为区域的边界而出现．在复变函数的积分运算中，常常需要把曲线表示为复变量的形式．通常用的最多的是用一元实参量的复值函数 $z = z(t) = x(t) + \mathrm{i}y(t)$（$\alpha \leqslant t \leqslant \beta$）来表示，其中 $x = x(t)$，$y = y(t)$（$\alpha \leqslant t \leqslant \beta$）是该曲线在直角坐标系中的参数方程．

5．复变函数与一元实函数的定义以及复变函数的极限、连续和下一章即将讨论的复变函数的导数等概念在形式上几乎是相同的．复变函数的定义域是复平面上的点集，因此在讨论有关概念时，应注意到变量 z 的变化方式的任意性．例如在极限定义 $\lim\limits_{z \to z_0} f(z)$ 中，仅当变量 z 在复平面上按任意方式趋于 z_0 时，上式极限存在且相等，才说 $f(z)$ 在 z_0 处的极限存在．但在一元实函数的极限 $\lim\limits_{x \to x_0} f(x)$ 定义中，x 只能沿实轴趋于 x_0．因此，复变函数在一点处极限的存在性比实函数的要求更高．

在研究复变函数 $f(z)$ 时，经常将其化成 $u(x, y) + \mathrm{i}v(x, y)$ 的形式，将对 z 的一元复函数 $f(z)$ 的研究转化为对两个二元实函数 $u(x, y), v(x, y)$ 的研究，例如要研究 $f(z)$ 在点 z_0 的极限或连续性，可转化为研究 $u(x, y), v(x, y)$ 在点 (x_0, y_0) 的极限或连续性（在今后的学习过程中，经常要用到 $f(z)$ 与 $u(x, y) + \mathrm{i}v(x, y)$ 之间的相互转化）．在求复变函数 $f(z)$ 在点 z_0 的极限时，除可将其转化为对 $u(x, y), v(x, y)$ 在点 (x_0, y_0) 的极限求解外，一般可用高等数学中求实函数极限的方法求解．

习题 1

1．将下列复数表示成代数形式．

（1）$\dfrac{2i}{3-i}+\dfrac{1}{3i-1}$；（2）$\dfrac{5-5i}{-3+4i}$．

2．求下列复数的模、辐角主值及共轭复数，并作图．

（1）$\sqrt{3}+i$；（2）$-1-i$．

3．将下列复数表示成三角形式和指数形式．

（1）$z=2+2i$；（2）$z=1-\sqrt{3}i$；

（3）$z=3i$；（4）$z=-1$．

4．求下列复数的实部、虚部及模．

（1）$\dfrac{1}{i}$；（2）$\dfrac{1-i}{1+i}$；

（3）$(1+2i)(2+\sqrt{3}i)$；（4）$\dfrac{i}{(i-1)(i-2)}$．

5．计算下列各式的值．

（1）$(1-\sqrt{3}i)^6$；（2）$(1-i)^4$；

（3）$\sqrt[4]{1+i}$；（4）$\sqrt[6]{-2i}$．

6．试求方程 $z^3+27=0$ 的根．

7．指出下列点集中哪些是区域，哪些是闭区域，哪些是有界区域．

（1）$|z-2+i|\leqslant 1$；（2）$|2z+3|>4$；

（3）$\operatorname{Im} z>1$；（4）$\operatorname{Im} z=1$；

（5）$|z-4|\geqslant|z|$；

（6）$2k\pi\leqslant \operatorname{Arg} z\leqslant\dfrac{\pi}{4}+2k\pi$（$z\neq 0, k=0,\pm1,\pm2,\cdots$）；

（7）$0<|z-z_0|<\delta$，其中 z_0 为固定点，δ 为正数．

8．求下列各方程所表示的曲线．

（1）$\left|\dfrac{z-1}{z+2}\right|=2$；（2）$\operatorname{Re}(z^2)=a$；

（3）$\operatorname{Im}(z^2)=a$；

（4）$|z-a|+|z-b|=k$（a,b 为复常数，不要解方程）；

（5）$\left|\dfrac{z-z_1}{z-z_2}\right|=1$；（6）$\left|\dfrac{z-a}{1-\bar{a}z}\right|=1$．

9．下列关系式表示点 z 位于何处？是否是区域？并绘其图形．

（1）$|2z-1|<1$；（2）$-\pi<\arg z<\pi$；

（3）$\left|\dfrac{z-a}{1-\bar{a}z}\right|<1$（$|a|<1$）；（4）$\left|\dfrac{z-a}{1-\bar{a}z}\right|>1$（$|a|<1$）；

（5）$\left|\dfrac{z-3}{z-2}\right|\geqslant 1$；（6）$\dfrac{\pi}{6}<\arg(z-2i)<\dfrac{\pi}{2}$．

10．写出函数 $f(z)=z^3+z+1$ 的 $f(z)=u(x,y)+iv(x,y)$ 形式．

11．设 $f(z)=x^2-y^2-2y+i(2x+2xy)$，写出 $f(z)$ 关于 z 的表达式．

12．求下列极限．

（1）$\lim\limits_{z\to i}\dfrac{iz^3-1}{z+i}$；　　（2）$\lim\limits_{z\to 1-i}\dfrac{4z^2}{(z-1)^2}$．

13．证明极限 $\lim\limits_{z\to 0}\dfrac{\operatorname{Im} z}{z}$ 不存在．

14．求下列函数的定义域，并判断这些函数是否都是定义域中的连续函数：

（1）$z=w^3$；　　（2）$w=\dfrac{2z-1}{z-2}$．

15．讨论函数 $f(z)=\dfrac{3z^3-2z^2+12z-8}{z^2+4}$ 的连续性，对 $f(z)$ 不连续的点修改或补充定义使之连续．

16．证明：若函数 $f(z)$ 是连续函数，则 $\overline{f(z)}$ 也是连续函数．

自测题 1

一、填空题

1．设 $z=\dfrac{1}{i}-\dfrac{3i}{1-i}$，则复数 $z=x+iy$ 的形式为______________，复数的模为______________，辐角主值为______________；

2．设复数 $z=\dfrac{1-2i}{1+i}$，则其实部为______________，虚部为______________，共轭复数为______________；

3．设复数 $z=\dfrac{2i}{-1+i}$，则复数 z 的三角表示式为______________，指数表示式为______________；

4．当 z 满足______________条件时，$\dfrac{z}{z^2+1}$ 是实数；

5．一个复数乘以 $-i$，它的模______________，它的辐角______________．

二、选择题

1．设 $z=a\cos t+ib\sin t$（a,b 为实常数），则其表示（　　）图形；

A．双曲线　　B．圆

C．椭圆　　D．抛物线

2．$\operatorname{Re}(iz)=$（　　）；

A．$-\operatorname{Re}(iz)$　　B．$-\operatorname{Im} z$

C．$\operatorname{Im} z$　　D．$\operatorname{Im}(iz)$

3．$\sqrt[4]{i}=$（　　）；

A．$\cos\frac{\frac{\pi}{2}+2k\pi}{4}+\mathrm{i}\sin\frac{\frac{\pi}{2}+2k\pi}{4}$ （$k=0,1,2,3$）

B．$\sin\frac{\frac{\pi}{2}+2k\pi}{4}+\mathrm{i}\cos\frac{\frac{\pi}{2}+2k\pi}{4}$ （$k=0,1,2,3$）

C．$\cos\frac{\pi}{8}+\mathrm{i}\sin\frac{\pi}{8}$

D．$\cos\frac{\frac{\pi}{2}+k\pi}{4}+\mathrm{i}\sin\frac{\frac{\pi}{2}+k\pi}{4}$ （$k=0,1,2,3$）

4．设 $z=-3+4\mathrm{i}$，则 z 的辐角主值为（　　）；

A．$\arctan\frac{4}{3}+\pi$　　　　B．$-\arctan\frac{4}{3}+\pi$

C．$\arctan\frac{4}{3}-\pi$　　　　D．$\arctan\frac{4}{3}$

5．下列不等式所确定的区域为有界单连通域的是（　　）.

A．$\mathrm{Im}\,z>0$　　　　B．$|z-1|>4$

C．$|z-1|<|z+3|$　　　　D．$|z-2|+|z+2|\leqslant 6$

三、计算题

1．将下列复数 z 表示成 $x+\mathrm{i}y$ 的形式，并求出它的实部与虚部、共轭复数、模与辐角.

（1）$\mathrm{i}(2+3\mathrm{i})$；　　　　（2）$\frac{3}{1-2\mathrm{i}}$；

（3）$\frac{\mathrm{i}}{1-\mathrm{i}}+\frac{1-\mathrm{i}}{\mathrm{i}}$；　　　　（4）$\mathrm{i}^8-4\mathrm{i}^{21}+\mathrm{i}$.

2．将下列复数化为三角表示式和指数表示式.

（1）$-3-4\mathrm{i}$；　　　　（2）i；

（3）$1+\sqrt{3}\mathrm{i}$；　　　　（4）-2.

3．试求等式 $\frac{x+1+\mathrm{i}(y-3)}{5+3\mathrm{i}}=1+\mathrm{i}$ 中的实数 x 和 y.

4．计算下列各题：

（1）$(1+\mathrm{i})^{10}$；　　　　（2）$\sqrt[6]{-1}$；

（3）$\frac{3}{(\sqrt{3}-\mathrm{i})^2}$；　　　　（4）$\sqrt[3]{1-\mathrm{i}}$；

（5）设 $z=\frac{1+\sqrt{3}\mathrm{i}}{2}$，求 z^2，z^3.

5．求方程 $z^3+8=0$ 的所有根，并对 z^3+8 进行因式分解.

6．确定下列方程表示的曲线（t 为参变量），并写出直角坐标系下的方程.

（1）$z=2+\mathrm{i}+3\mathrm{e}^{\mathrm{i}t}$；

（2） $z=(-2+\mathrm{i})t$；

（3） $z=t^2+\dfrac{\mathrm{i}}{t^2}$；

（4） $z=a\operatorname{ch}t+\mathrm{i}b\operatorname{sh}t$ （a,b 为实常数）.

7．求极限 $\lim\limits_{z\to 1}\dfrac{z\overline{z}+3z-\overline{z}-3}{z^2-1}$．

8．讨论函数 $f(z)=\begin{cases}\dfrac{ax^2y^2}{x^4+y^4}, & a\in R 且 a\neq 0 \ (z\neq 0)\\ 0, & z=0\end{cases}$，在点 $z=x+\mathrm{i}y$ 的连续性.

第2章　解析函数

本章学习目标

- 理解复变函数的导数及复变函数解析的概念
- 掌握柯西—黎曼条件及其应用
- 熟知复变函数解析的充要条件
- 掌握判断函数的可导性及解析性
- 了解指数函数、对数函数、幂函数、三角函数、反三角函数等的定义、主要性质及其解析性

从第 1 章的内容可以看出，复变函数的许多概念和定理都与实变函数的相应概念和定理类似. 自本章起将会看到复变函数与实变函数在诸多方面的明显差异，本章重点介绍复变函数的导数与微分及解析函数的概念，并给出判断函数可导和解析的方法.

2.1　复变函数的导数与微分

2.1.1　复变函数的导数

定义 1　设函数 $f(z)$ 在包含 z_0 的某区域 D 内有定义，当变量 z 在点 z_0 处取得增量 Δz （$z_0+\Delta z\in D$）时，相应地，函数 $f(z)$ 取得增量 $\Delta w=f(z_0+\Delta z)-f(z_0)$，若极限

$$\lim_{\Delta z\to 0}\frac{f(z_0+\Delta z)-f(z_0)}{\Delta z}\ \left(或\lim_{z\to z_0}\frac{f(z)-f(z_0)}{z-z_0}\right) \tag{2.1}$$

存在，则称 $f(z)$ 在点 z_0 处可导，此极限值称为 $f(z)$ 在点 z_0 处的导数，记作 $f'(z_0)$，或 $\left.\frac{\mathrm{d}w}{\mathrm{d}z}\right|_{z=z_0}$，即

$$f'(z_0)=\left.\frac{\mathrm{d}w}{\mathrm{d}z}\right|_{z=z_0}=\lim_{\Delta z\to 0}\frac{f(z_0+\Delta z)-f(z_0)}{\Delta z}.$$

注意：定义 1 中 $\Delta z\to 0$（即 $z_0+\Delta z\to z_0$）的方式是任意的，即式（2.1）的极限存在要求与 $\Delta z\to 0$ 的方式无关，对于函数 $f(z)$ 的这一限制，要比对于实变量的函数 $y=f(x)$ 的类似限制严得多，因为实变函数导数的存在，只要求点 $x_0+\Delta x$ 由

左（当 $\Delta x<0$ ）及右（当 $\Delta x>0$ ）两个方向趋向于点 x_0 时，比值 $\dfrac{f(x_0+\Delta x)-f(x_0)}{\Delta x}$ 的极限都存在且相等即可．而 $f'(z_0)$ 的存在则要求：当点 $z_0+\Delta z$ 沿连接点 z_0 的任意路径趋于点 z_0 时，$\lim\limits_{\Delta z\to 0}\dfrac{\Delta w}{\Delta z}$ 都存在且相等．

如果函数 $f(z)$ 在区域 D 内每一点都可导，则称 $f(z)$ 在 D 内可导．

例 1 求函数 $f(z)=z^n$ 的导数（ n 为正整数）．

解 因为

$$
\begin{aligned}
(z+\Delta z)^n &= \sum_{k=0}^{n} C_n^k z^k (\Delta z)^{n-k} \\
&= (\Delta z)^n + C_n^1(\Delta z)^{n-1}z + C_n^2(\Delta z)^{n-2}z^2 + \cdots + C_n^n(\Delta z)^{n-n}z^n ,
\end{aligned}
$$

所以，由导数定义有

$$
\begin{aligned}
f'(z) = (z^n)' &= \lim_{\Delta z\to 0}\frac{(z+\Delta z)^n - z^n}{\Delta z} \\
&= \lim_{\Delta z\to 0}[(\Delta z)^{n-1} + C_n^1(\Delta z)^{n-2}z + \cdots + C_n^{n-1}z^{n-1}] = nz^{n-1} .
\end{aligned}
$$

例 1 说明了 $f(z)=z^n$ 在整个复平面内可导．

例 2 求 $f(z)=z^2$ 的导数．

解 由例 1，$f'(z)=\dfrac{\mathrm{d}f}{\mathrm{d}z}=2z$ ．

例 3 讨论函数 $f(z)=|z|^2$ 的可导性．

解 设 $w=f(z)$ ，则

$$
\frac{\Delta w}{\Delta z} = \frac{|z+\Delta z|^2-|z|^2}{\Delta z} = \frac{(z+\Delta z)(\overline{z}+\overline{\Delta z})-z\overline{z}}{\Delta z} = \overline{z}+\overline{\Delta z}+z\frac{\overline{\Delta z}}{\Delta z} .
$$

若 $z=0$ ，则在 $\Delta z\to 0$ 时，$\dfrac{\Delta w}{\Delta z}=\overline{\Delta z}\to 0$ ，即

$$
\left.\frac{\mathrm{d}w}{\mathrm{d}z}\right|_{z=0} = 0 .
$$

若 $z\neq 0$ ，则在 $\Delta z=\Delta x\to 0$ 时，$\lim\limits_{\Delta z\to 0}\dfrac{\Delta w}{\Delta z}=\overline{z}+z$ ，在 $\Delta z=\Delta y\mathrm{i}\to 0$ 时，$\lim\limits_{\Delta z\to 0}\dfrac{\Delta w}{\Delta z}=\overline{z}-z$ ．

由此可以看出在 Δz 以不同方式趋于 0 时，$\dfrac{\Delta w}{\Delta x}$ 的极限值不相等，故由导数定义知，$f(z)=|z|^2$ 在除去原点 $z=0$ 以外的整个复平面内处处不可导．

例 4 证明 $w=\overline{z}$ 在复平面上处处连续，但处处不可导．

证 设 $w=u(x,y)+\mathrm{i}v(x,y)$，$z=x+\mathrm{i}y$，则

$$w=u(x,y)+\mathrm{i}v(x,y)=\overline{x+\mathrm{i}y}=x-\mathrm{i}y,$$

即

$$u(x,y)=x,\ v(x,y)=-y.$$

显然 $u(x,y)$，$v(x,y)$ 都是 x,y 的连续函数，从而 w 在复平面上处处连续.

考察当 Δz 以任意方式趋于零时，$\dfrac{\Delta w}{\Delta z}=\dfrac{\overline{z+\Delta z}-\overline{z}}{\Delta z}=\dfrac{\overline{z}+\overline{\Delta z}-\overline{z}}{\Delta z}=\dfrac{\overline{\Delta z}}{\Delta z}=\dfrac{\Delta x-i\Delta y}{\Delta x+i\Delta y}$ 的极限：

（1）当 Δz 沿实轴方向（即令 $\Delta z=\Delta x,\Delta y=0$）趋于零时，它趋于 1.

（2）当 Δz 沿虚轴方向（即令 $\Delta z=i\Delta y,\Delta x=0$）趋于零时，它趋于 -1.

综合（1）、（2），当 $\Delta z\to 0$ 时，$\dfrac{\Delta w}{\Delta z}$ 的极限不存在（如图 2.1 所示），所以 $w=\overline{z}$ 在整个复平面上处处不可导.

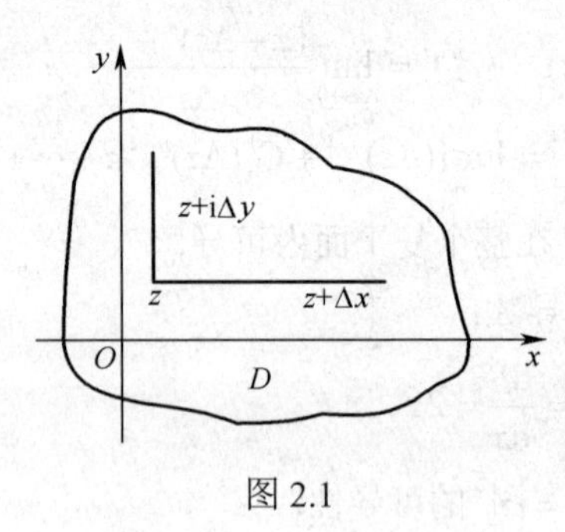

图 2.1

2.1.2 可导与连续的关系

由例 4 可知，函数 $w=\overline{z}$ 在复平面上处处连续，但处处不可导，即函数在点 z_0 处连续，不一定在点 z_0 处可导；然而反过来容易证明：若函数 $w=f(z)$ 在点 z_0 处可导，则 $f(z)$ 在点 z_0 处必连续.

证 因为 $\lim\limits_{z\to z_0}\left[f(z)-f(z_0)\right]=\lim\limits_{z\to z_0}(z-z_0)\dfrac{f(z)-f(z_0)}{z-z_0}$

$$=\lim_{z\to z_0}(z-z_0)\lim_{z\to z_0}\frac{f(z)-f(z_0)}{z-z_0}=0\cdot f'(z_0)=0,$$

知 $\lim\limits_{z\to z_0}f(z)=f(z_0)$，故 $f(z)$ 在点 z_0 处连续.

2.1.3 复变函数的微分

设函数 $f(z)$ 在点 z_0 处可导，由导数定义有

$$\Delta w=f(z_0+\Delta z)-f(z_0)=f'(z_0)\Delta z+\alpha\cdot\Delta z，其中 \lim_{\Delta z\to 0}\alpha=0.$$

可知，函数 $w=f(z)$ 的改变量 Δw 由两部分组成：第一部分 $f'(z_0)\Delta z$ 是 Δw 的线性部分；第二部分 $\alpha\cdot\Delta z$ 是 Δz 的高阶无穷小．可与实变函数类似的，给出复变函数微分的定义．

定义 2 称函数 $f(z)$ 的改变量 Δw 的线性部分 $f'(z_0)\Delta z$ 为函数 $f(z)$ 在点 z_0 处的微分，记作 $\mathrm{d}w\big|_{z=z_0}$ 或 $\mathrm{d}f(z)\big|_{z=z_0}$，即

$$\mathrm{d}w\big|_{z=z_0}=f'(z_0)\Delta z\ .$$

如果 $f(z)$ 在点 z_0 处微分存在，则称 $f(z)$ 在点 z_0 处可微．

当 $f(z)=z$ 时，$\mathrm{d}w=\mathrm{d}z=\Delta z$，所以 $f(z)$ 在点 z_0 处的微分又可记为

$$\mathrm{d}w\big|_{z=z_0}=f'(z_0)\mathrm{d}z\ ,$$

亦即

$$\frac{\mathrm{d}w}{\mathrm{d}z}\bigg|_{z=z_0}=f'(z_0)\ .$$

由此可知，函数 $w=f(z)$ 在点 z_0 处可导与可微是等价的．

如果函数 $f(z)$ 在区域 D 内每一点都可微，则称 $f(z)$ 在 D 内可微．

2.1.4 导数运算法则

由于复变函数导数的定义形式上与实变函数的定义完全类似，而且复变函数中的极限运算性质也和实变函数中的极限运算性质类似，下面仿照一元实变函数的求导法则，给出复变函数的求导法则（以下出现的函数均假设可导）：

（1）$(C)'=0$，其中 C 为复常数；

（2）$(z^n)'=nz^{n-1}$，其中 n 为正整数；

（3）$[f(z)\pm g(z)]'=f'(z)\pm g'(z)$；

（4）$[f(z)\cdot g(z)]'=f'(z)g(z)+f(z)g'(z)$；

（5）$\left[\dfrac{f(z)}{g(z)}\right]'=\dfrac{f'(z)g(z)-f(z)g'(z)}{[g(z)]^2}$ $(g(z)\neq 0)$；

（6）$\{f[\varphi(z)]\}'=f'(w)\cdot\varphi'(z)$，$w=\varphi(z)$；

（7）$f'(z)=\dfrac{1}{\varphi'(w)}$，其中 $w=f(z)$ 和 $z=\varphi(w)$ 是两个互为反函数的单值函数，且 $\varphi'(w)\neq 0$．

例 5 求下列函数的导数．

（1）$f(z)=(2z^2+\mathrm{i})^5$；　　（2）$f(z)=\dfrac{(1+z^2)^4}{z^2}$ $(z\neq 0)$．

解 （1）$f'(z)=5(2z^2+\mathrm{i})^4 4z=20z(2z^2+\mathrm{i})^4$．

（2）$f'(z)=\dfrac{4(1+z^2)^3 2z^3-2z(1+z^2)^4}{z^4}=\dfrac{2}{z^3}(1+z^2)^3(3z^2-1)$．

例 6 设 $f(z)=(z^2-2z+4)^2$，求 $f'(-\mathrm{i})$.

解 因为 $f'(z)=2(z^2-2z+4)\cdot(2z-2)$，

所以 $f'(-\mathrm{i})=2[(-\mathrm{i})^2-2(-\mathrm{i})+4]\cdot[2\cdot(-\mathrm{i})-2]=-4(3+2\mathrm{i})(1+\mathrm{i})=-4-20\mathrm{i}$.

2.2 解析函数的概念

2.2.1 解析函数的定义及其性质

1. 解析函数的定义

定义 3 如果函数 $f(z)$ 不仅在点 z_0 处可导，而且在点 z_0 的某邻域内的每一点都可导，则称 $f(z)$ 在点 z_0 处解析，并称点 z_0 是函数 $f(z)$ 的解析点；如果函数 $f(z)$ 在区域 D 内每一点都解析，则称 $f(z)$ 在区域 D 内解析或称 $f(z)$ 为区域 D 内的解析函数，区域 D 称为 $f(z)$ 的解析区域.

如果 $f(z)$ 在点 z_0 处不解析，但在 z_0 的任一邻域内总有 $f(z)$ 的解析点，则称 z_0 为 $f(z)$ 的奇点.

例如，原点 $z=0$ 是函数 $f(z)=\dfrac{1}{z}$ 的奇点； $z=\mathrm{i}$ 是函数 $f(z)=\dfrac{1}{z-\mathrm{i}}$ 的奇点.

由此定义可知，$f(z)$ 在区域 D 内解析与在区域 D 内可导是等价的，但是，函数在一点解析和在该点可导却是两个不同的概念，前者比后者条件强得多，函数在某点解析意味着函数在该点及该点的某邻域内处处可导；而函数在某点可导，在该点的某邻域内函数可能可导，也可能不可导，即函数在一点可导，不一定在该点解析.

例 7 讨论函数 $f(z)=z^2$ 的解析性.

解 由例 2 知，$f(z)=z^2$ 在整个复平面内处处可导且 $f'(z)=2z$，则由函数在某区域内解析的定义可知，函数 $f(z)=z^2$ 在整个复平面上解析.

例 8 讨论函数 $f(z)=|z|^2$ 的解析性.

解 由例 3 知，$f(z)=|z|^2$ 除点 $z=0$ 处可导外，在其他点 $z\neq 0$ 处均不可导，根据解析函数的定义，$f(z)$ 在整个复平面上不解析.

2. 解析函数的运算性质

（1）若函数 $f(z)$ 和 $g(z)$ 在区域 D 内解析，则 $f(z)\pm g(z)$、$f(z)\cdot g(z)$、$\dfrac{f(z)}{g(z)}$（$g(z)\neq 0$）在 D 内也解析；

（2）若函数 $w=f(h)$ 在区域 G 内解析，而 $h=g(z)$ 在区域 D 内解析，且 $g(D)\subseteq G$，则复合函数 $w=f[g(z)]$ 在 D 内也解析，且 $\dfrac{\mathrm{d}f[g(z)]}{\mathrm{d}z}=\dfrac{\mathrm{d}f(h)}{\mathrm{d}h}\cdot\dfrac{\mathrm{d}g(z)}{\mathrm{d}z}$.

由此可知，所有多项式函数在整个复平面上解析；任何一个有理函数在不含分母为零的点的区域内是解析的.

2.2.2 函数解析的充要条件

由上面的几个例子可知，并不是所有的复变函数都是解析函数；根据定义来判断一个函数在区域 D 内的解析性，也是非常困难的. 这样就有必要给出判断函数在某一区域内解析的简便方法及充要条件.

定理 1 设函数 $f(z)=u(x,y)+\mathrm{i}v(x,y)$ 在区域 D 内有定义，则 $f(z)$ 在 D 内解析的充分必要条件为 u,v 在 D 内任一点 $z=x+\mathrm{i}y$ 处，

（1）可微；（2）满足 $\dfrac{\partial u}{\partial x}=\dfrac{\partial v}{\partial y}$，$\dfrac{\partial u}{\partial y}=-\dfrac{\partial v}{\partial x}$.

上式称为柯西—黎曼（Cauchy-Riemann）条件（或方程），简称 C-R 条件（或方程）.

由 C-R 条件，还可以得到

$$f'(z)=u_x+\mathrm{i}v_x=v_y-\mathrm{i}u_y .$$

在第 3 章我们将可以证明，解析函数 $f(z)$ 的导函数 $f'(z)$ 也是解析函数. 因此，$f'(z)=u_x+\mathrm{i}v_x=v_y-\mathrm{i}u_y$ 是连续函数，所以又可以给出，判断函数在某一区域内解析的另一充要条件，即定理 2.

定理 2 函数 $f(z)=u(x,y)+\mathrm{i}v(x,y)$ 在区域 D 内解析的充要条件为

（1）$\dfrac{\partial u}{\partial x},\dfrac{\partial u}{\partial y},\dfrac{\partial v}{\partial x},\dfrac{\partial v}{\partial y}$ 在 D 内连续；

（2）u,v 在 D 内满足 C-R 条件 $\dfrac{\partial u}{\partial x}=\dfrac{\partial v}{\partial y}$，$\dfrac{\partial u}{\partial y}=-\dfrac{\partial v}{\partial x}$.

柯西—黎曼条件（或方程），是用法国数学家 A.L.Cauchy（1789～1857）和德国数学家 G.F.B.Riemann（1826～1866）的名字命名的，柯西首先发现并使用了该条件（方程），而该条件又成为黎曼研究复变函数的基础.

如果将定理 1 中的 D 内任一点改为 D 内某一点，就变为函数 $f(z)$ 在某一点可导的充要条件，所以定理 1 也可以用来判断函数在某点是否可导.

定理 1 的实用价值在于可利用实函数 $u=u(x,y)$ 和 $v=v(x,y)$ 的性质，来判断复变函数的解析性（可导性），同时也提供了计算可导函数的导数公式（避免了计算极限所带来的困难）.

例 9 讨论函数 $f(z)=z^2$ 的可导性，并求其导数.

解 令 $z=x+\mathrm{i}y$，由 $f(z)=z^2=(x+\mathrm{i}y)^2=x^2-y^2+\mathrm{i}2xy$，

得
$$u(x,y)=x^2-y^2,\ v(x,y)=2xy ,$$

则
$$\frac{\partial u}{\partial x}=2x,\ \frac{\partial u}{\partial y}=-2y,\ \frac{\partial v}{\partial x}=2y,\ \frac{\partial v}{\partial y}=2x .$$

显然，在复平面内 $u(x,y)$ 和 $v(x,y)$ 的偏导数处处连续，且

$$\frac{\partial u}{\partial x}=\frac{\partial v}{\partial y}=2x,\ \frac{\partial u}{\partial y}=-\frac{\partial v}{\partial x}=-2y,$$

即 $u(x,y)$ 和 $v(x,y)$ 处处满足 C-R 条件且处处可微，所以 $f(z)=z^2$ 在复平面内处处可导且 $\quad f'(z)=\frac{\partial u}{\partial x}+\mathrm{i}\frac{\partial v}{\partial x}=2z$.

例 10 讨论函数 $f(z)=z\,\mathrm{Re}\,z$ 的可导性.

解 令 $z=x+\mathrm{i}y$，因为 $f(z)=(x+\mathrm{i}y)x=x^2+\mathrm{i}xy$，

得

$$u(x,y)=x^2,\ v(x,y)=xy,\quad \frac{\partial u}{\partial x}=2x,\ \frac{\partial u}{\partial y}=0,\ \frac{\partial v}{\partial x}=y,\ \frac{\partial v}{\partial y}=x.$$

显然，$u(x,y)$、$v(x,y)$ 处处具有一阶连续偏导数，但仅当 $x=0$，$y=0$ 时，$u(x,y)$、$v(x,y)$ 满足 C-R 条件．因此，$f(z)$ 仅在点 $z=0$ 处可导.

例 11 讨论函数 $f(z)=x+\mathrm{i}y^2$ 的可导性.

解 因为 $u(x,y)=x$，$v(x,y)=y^2$，所以

$$\frac{\partial u}{\partial x}=1,\ \frac{\partial u}{\partial y}=0,\ \frac{\partial v}{\partial x}=0,\ \frac{\partial v}{\partial y}=2y.$$

由此，可知 $u(x,y)$ 和 $v(x,y)$ 在复平面内处处有连续的偏导数．为使 $u(x,y)$ 和 $v(x,y)$ 满足 C-R 条件

$$\frac{\partial u}{\partial x}=1=\frac{\partial v}{\partial y}=2y,\ \frac{\partial u}{\partial y}=-\frac{\partial v}{\partial x}=0,$$

必须且只须 $y=\frac{1}{2}$．因此，$f(z)$ 仅在直线 $\mathrm{Im}\,z=\frac{1}{2}$ 上的各点可导，但处处不解析.

特别注意，定理 1 中的 C-R 条件是 $f(z)$ 在某点可导（可微）的必要条件，而不是充分条件，所以不能只利用 C-R 条件来判断函数在某点可导．但利用它可以很容易判断函数的不可导性，在哪一点不满足它，则函数在该点不可导.

例 12 证明函数 $f(z)=\sqrt{|xy|}$ 在 $z=0$ 处满足 C-R 条件，但 $f(z)$ 在 $z=0$ 处不可导.

证 因为 $u(x,y)=\sqrt{|xy|}$，$v(x,y)=0$，

$$u_x(0,0)=\lim_{\Delta x\to 0}\frac{u(0+\Delta x,0)-u(0,0)}{\Delta x}=0=v_y(0,0),$$

$$u_y(0,0)=\lim_{\Delta y\to 0}\frac{u(0,0+\Delta y)-u(0,0)}{\Delta y}=0=-v_x(0,0),$$

从而 $u(x,y),v(x,y)$ 在 $z=0$ 处满足 C-R 条件，但

$$\frac{f(0+\Delta z)-f(0)}{\Delta z}=\frac{\sqrt{|\Delta x\cdot\Delta y|}}{\Delta x+i\Delta y},$$

当 $\Delta z=\Delta x+\mathrm{i}\Delta y$，沿射线 $\Delta y=k\Delta x$（$\Delta x>0$）趋于点 $z=0$ 时，极限值为 $\dfrac{\sqrt{|k|}}{1+\mathrm{i}k}$. 它随着趋于点 $z=0$ 的方向不同而不同，所以 $f(z)$ 在 $z=0$ 处不可导.

例 13 证明 $f(z)=\overline{z}$ 在复平面上不可微.

证 由于 $f(z)=x-\mathrm{i}y$，于是 $u(x,y)=x, v(x,y)=-y$，从而

$$\frac{\partial u}{\partial x}=1,\ \frac{\partial v}{\partial y}=-1 .$$

显然，对复平面上任意一点 (x,y)，$f(z)$ 都不满足 C-R 条件，所以 $f(z)=\overline{z}$ 在整个复平面上不可微.

例 14 讨论函数 $f(z)=x+\mathrm{i}2y$ 的可导性.

解 因为 $u(x,y)=x$，$v(x,y)=2y$，所以

$$\frac{\partial u}{\partial x}=1,\ \frac{\partial u}{\partial y}=0,\ \frac{\partial v}{\partial x}=0,\ \frac{\partial v}{\partial y}=2 .$$

可知 $u(x,y)$ 和 $v(x,y)$ 在复平面内处处有连续的偏导数，但在任意点处都不满足 C-R 条件，故 $f(z)$ 在复平面内处处不可导.

此例说明，函数 $f(z)=x+\mathrm{i}2y$ 在复平面上处处连续，但处处不可导.

例 15 讨论下列函数的解析性.

（1）$f(z)=2x(1-y)+\mathrm{i}(x^2-y^2+2y)$；

（2）$f(z)=\overline{z}$；

（3）$f(z)=z\operatorname{Re}(z)$.

解 （1）设 $u=2x(1-y)$，$v=x^2-y^2+2y$.

因为 $$\frac{\partial u}{\partial x}=2(1-y)=\frac{\partial v}{\partial y},\ \frac{\partial u}{\partial y}=-2x=-\frac{\partial v}{\partial x},$$

且这 4 个偏导数处处连续，故 $f(z)=2x(1-y)+\mathrm{i}(x^2-y^2+2y)$ 在复平面上处处解析.

（2）因为 $f(z)=\overline{z}=x-\mathrm{i}y$，设 $u=x$，$v=-y$，而 $\dfrac{\partial u}{\partial x}=1$，$\dfrac{\partial v}{\partial y}=-1$，所以 $f(z)=\overline{z}$ 在复平面上处处不解析，又 $f(z)=z$ 在复平面上是处处解析的，因而解析函数用 $\overline{z}$ 替换 z 后的性质如何，也是复变函数进一步要研究的问题，这里就不介绍了.

因为 $f(z)=z\operatorname{Re}(z)=(x+\mathrm{i}y)x=x^2+\mathrm{i}xy$，设 $u=x^2$，$v=xy$，

由于 $$\frac{\partial u}{\partial x}=2x,\ \frac{\partial v}{\partial y}=x,\ \frac{\partial u}{\partial y}=0,\ \frac{\partial v}{\partial x}=y,$$

这 4 个偏导数虽然处处连续，但 C-R 条件仅在原点处成立，因而函数 $f(z)=z\operatorname{Re}(z)$ 在复平面内的原点处可导，其他点不可导，可知该函数在复平面上处处不解析.

2.3 初等函数及其解析性

下面将实变量基本初等函数推广到复数域上，除保留了实变量基本初等函数的一些基本性质外，还会给出许多新性质，如指数函数的周期性、对数函数的多值性、正弦函数与余弦函数的无界性等（但由于实数集是复数集的真子集，无论如何推广，当复变数 z 取实数时，与相应的实函数仍保持一致），同时给出各基本初等函数的解析性.

2.3.1 指数函数

定义 4 复变量的指数函数定义为 $e^z = e^{x+iy} = e^x(\cos y + i\sin y)$.

由此定义看出，当 z 为实变量时，即 $y=0$，$z=x$ 时，有 $e^z = e^x$ ，因此，它包括实变量指数函数；当 $z=iy$（$x=0$）时，得到 $e^{yi} = \cos y + i\sin y$，称其为欧拉（Euler）公式，利用此公式，将复数的三角形式 $A = r(\cos\varphi + i\sin\varphi)$ 改写为更简单的形式

$$A = re^{i\varphi},$$

称其为复数 A 的指数形式.

下面从复变量的指数函数定义出发，给出一些重要性质.

（1）指数函数 e^z 在整个 Z 的有限平面内都有定义，且处处不为零.

因为对于任意一对实变量 x 与 y ，函数 e^x 与 $\cos y$, $\sin y$ 都有定义，所以 e^z 在 Z 平面内任一点 $z = x + iy$ 都有定义.

又因为 $\left|e^z\right| = e^x > 0$ ，所以 e^z 在 Z 平面内任一点 $z = x + iy$ 处都不等于零.

（2） $e^{z_1+z_2} = e^{z_1} \cdot e^{z_2}$.

设 $z_1 = x_1 + iy_1$， $z_2 = x_2 + iy_2$，则

$$\begin{aligned} e^{z_1+z_2} &= e^{x_1+x_2}[\cos(y_1+y_2) + i\sin(y_1+y_2)] \\ &= e^{x_1+x_2}(\cos y_1 + i\sin y_1)(\cos y_2 + i\sin y_2) \\ &= e^{x_1}(\cos y_1 + i\sin y_1)e^{x_2}(\cos y_2 + i\sin y_2) \\ &= e^{z_1} \cdot e^{z_2} . \end{aligned}$$

（3）指数函数是以 $2\pi i$ 为周期的周期函数.

即
$$e^{z+2\pi i} = e^z .$$
因为
$$e^{z+2\pi i} = e^z \cdot e^{2\pi i} = e^z(\cos 2\pi + i\sin 2\pi) = e^z .$$
由此还可以推出，对于任意的整数 n ， $2n\pi i$ 也是它的周期，例如，当 $n=2$ 时，有

$$e^{z+4\pi i} = e^{(z+2\pi i)+2\pi i} = e^{z+2\pi i} = e^z ,$$

但 $|2\pi i| = 2\pi$ 是 e^z 的周期的模的最小值，$2\pi i$ 称为它的基本周期，因此，通常说 e^z 是以 $2\pi i$ 为周期的周期函数.

（4）指数函数的解析性.

指数函数 e^z 在整个复平面上解析，且有 $(e^z)' = e^z$.

因为，设 $e^z = u(x,y) + iv(x,y)$，

则 $u(x,y) = e^x \cos y$， $v(x,y) = e^x \sin y$，

有 $\dfrac{\partial u}{\partial x} = \dfrac{\partial v}{\partial y} = e^x \cos y$ 与 $\dfrac{\partial u}{\partial y} = -\dfrac{\partial v}{\partial x} = -e^x \sin y$，

显然，以上 4 个偏导数都连续，因此，e^z 在整个 Z 平面内解析，且有

$$(e^z)' = \frac{\partial u}{\partial x} + i\frac{\partial v}{\partial x} = e^x(\cos y + i\sin y) = e^z .$$

2.3.2 对数函数

定义 5 对数函数定义为指数函数的反函数，即若 $z = e^w$（$z \neq 0, \infty$），则称 w 是 z 的对数函数，记作 $w = \mathrm{Ln}\, z$.

下面推导 $w = \mathrm{Ln}\, z$ 的具体表达式.

设 $w = u + iv$， $z = re^{i\theta}$，由 $e^w = z$ 可得 $e^{u+iv} = re^{i\theta}$，因而 $e^u = r$，$v = \theta$，

故
$$w = u + iv = \ln r + i\theta = \ln|z| + i\,\mathrm{Arg}\, z ,$$

即
$$\mathrm{Ln}\, z = \ln|z| + i(\arg z + 2k\pi) \quad (k = 0, \pm 1, \pm 2, \cdots) .$$

对数函数是一个多值函数，每一个 z 对应着多个 $\mathrm{Ln}\, z$ 的值.

若令 $k = 0$，则上式中的多值函数便成为了单值函数，则称这个单值函数为多值函数 $\mathrm{Ln}\, z$ 的主值，记作 $\ln z$，即

$$\ln z = \ln|z| + i\arg z ,$$

$$\mathrm{Ln}\, z = \ln z + 2k\pi i \quad (k = 0, \pm 1, \pm 2, \cdots) .$$

例 16 求 $\ln(-1)$, $\mathrm{Ln}(-1)$, $\ln i$ 和 $\mathrm{Ln}\, i$.

解 因为 -1 的模为 1，其辐角的主值为 π，所以

$$\ln(-1) = \ln 1 + \pi i = \pi i ,$$

而
$$\mathrm{Ln}(-1) = \pi i + 2k\pi i = (2k+1)\pi i \quad (k = 0, \pm 1, \pm 2, \cdots) ,$$

又因为 i 的模为 1，而其辐角的主值为 $\dfrac{\pi}{2}$，所以

$$\ln i = \ln 1 + \frac{\pi}{2}i = \frac{\pi}{2}i , \quad \mathrm{Ln}\, i = \frac{\pi}{2}i + 2k\pi i = \left(2k + \frac{1}{2}\right)\pi i \quad (k = 0, \pm 1, \pm 2, \cdots) .$$

由上例得出实变量对数函数与复变量对数函数的区别是：实变量对数函数的定义域仅是正实数的全体，而复变量的对数函数的定义域是除了 $z = 0$ 外的全体复数；另外实变量对数函数是单值函数，而复变量对数函数是无穷多值的函数.

复变量对数函数具有与实变量对数函数同样的基本性质：

（1）当 $z = x > 0$ 时， $\ln z = \ln x$ ；

（2）当 $z = x < 0$， $\mathrm{Ln}\, x = \ln|x| + i(2k+1)\pi \quad (k = 0, \pm 1, \pm 2, \cdots)$；

（3）$e^{\mathrm{Ln}\, z} = z$，$\mathrm{Ln}\, e^z = z + 2k\pi \mathrm{i}$ （$k = 0, \pm 1, \pm 2, \cdots$）；

（4）$\mathrm{Ln}(z_1 z_2) = \mathrm{Ln}\, z_1 + \mathrm{Ln}\, z_2$； $\mathrm{Ln}\left(\dfrac{z_1}{z_2}\right) = \mathrm{Ln}\, z_1 - \mathrm{Ln}\, z_2$；

（5）对数函数的解析性.

可以证明 $\ln z$ 在除去原点与负实轴的 Z 平面内解析，所以 $\mathrm{Ln}\, z$ 的各个分支也在除去原点与负实轴的 Z 平面内解析（因 $\mathrm{Ln}\, z$ 的每一个单值连续分支与 $\ln z$ 只相差一个复常数），且

$$\frac{\mathrm{d}\ln z}{\mathrm{d}z} = \frac{1}{z}.$$

2.3.3 幂函数

定义 6 设 α 为任意复常数，定义一般幂函数为 $z^\alpha = e^{\alpha \mathrm{Ln}\, z}$ （$z \neq 0$），它是指数与对数函数的复合函数，是多值函数（因 $\mathrm{Ln}\, z$ 是多值的）.

如果 $\mathrm{Ln}\, z$ 用其主值 $\ln z$ 表示，则有

$$z^\alpha = e^{\alpha \ln z + \mathrm{i} 2\alpha k\pi} = e^{\alpha \ln z} \cdot e^{\mathrm{i} 2\alpha k\pi} \quad (k = 0, \pm 1, \pm 2, \cdots),$$

即此函数的多值性与含 k 的因式 $e^{\mathrm{i}2\alpha k\pi}$ 有关.

幂函数的几种特殊情形：

（1）当 α 为整数时，$e^{\mathrm{i}2\alpha k\pi} = 1$，$w = z^\alpha = e^{\alpha \ln z}$ 是与 k 无关的单值函数（当 $\alpha = n$（n 为正整数）时，$f(z) = z^n$ 为 z 的 n 次乘方，当 $\alpha = -n$ （n 为正整数）时，$f(z) = z^\alpha = z^{-n} = \dfrac{1}{z^n}$）；

（2）当 α 为有理数 $\dfrac{m}{n}$ 时（$\dfrac{m}{n}$ 为既约分数，$n > 0$），

$$\begin{aligned} z^\alpha &= z^{\frac{m}{n}} = e^{\frac{m}{n}\mathrm{Ln}\, z} = e^{\frac{m}{n}(\ln z + \mathrm{i}2k\pi)} \\ &= e^{\frac{m}{n}\ln z} \cdot e^{\mathrm{i}\frac{m}{n}\cdot 2k\pi} = e^{\frac{m}{n}\ln z} \cdot (e^{\mathrm{i}2km\pi})^{\frac{1}{n}}. \end{aligned}$$

$(e^{\mathrm{i}2km\pi})^{\frac{1}{n}}$ 只有 n 个不同的值，即当 k 取 $0,1,2,\cdots,n-1$ 时的对应值，因此，$w = z^{\frac{m}{n}} = e^{\frac{m}{n}\ln z} \cdot (e^{\mathrm{i}2km\pi})^{\frac{1}{n}}$（$k = 0,1,2,\cdots,n-1$）.

（3）当 α 为无理数或复数时，z^α 有无穷多个值.

一般幂函数 z^α 与整数次幂函数 z^n 有两点不同：（1）z^n 是整个 Z 平面内的解析函数（当 n 为负整数时，要除去 $z = 0$），而 z^α 在除去原点与负实轴的 Z 平面上解析；（2）z^n 是单值函数，z^α 是无穷多值函数.

此时的 z^α 与根式函数 $z^{\frac{1}{n}}$ 的区别是：z^α 是无穷多值函数，而 $z^{\frac{1}{n}}$ 是 n 值函数.

幂函数 z^α 的解析性：

（1）当 $\alpha = n$（n 为正整数）时，z^n 在整个复平面内单值解析，且 $(z^n)' = nz^{n-1}$；

（2）当 $\alpha = -n$（n 为正整数）时，$z^{-n} = \dfrac{1}{z^n}$ 在除原点的复平面内解析，且 $(z^{-n})' = -nz^{-n-1}$；

（3）当 $\alpha = \dfrac{m}{n}$（m,n 为整数）时，由于对数函数 $\mathrm{Ln}\, z$ 的各个分支在除去原点和负实轴的复平面内解析，因而 $z^{\frac{m}{n}}$ 的各个分支在除去原点和负实轴的复平面内也是解析的，且 $\left(z^{\frac{m}{n}}\right)' = \dfrac{m}{n} z^{\frac{m}{n}-1}$．

例 17 求 $(-1)^{\sqrt{2}}$．

解 $(-1)^{\sqrt{2}} = \mathrm{e}^{\sqrt{2}\mathrm{Ln}(-1)} = \mathrm{e}^{\sqrt{2}(2k+1)\pi \mathrm{i}} = \mathrm{e}^{\sqrt{2}\pi \mathrm{i}} \mathrm{e}^{2\sqrt{2}k\pi \mathrm{i}}$（$k = 0, \pm 1, \pm 2, \cdots$）．

例 18 求 i^{i}．

解 $\mathrm{i}^{\mathrm{i}} = \mathrm{e}^{\mathrm{i}\mathrm{Ln}\,\mathrm{i}} = \mathrm{e}^{\mathrm{i}(\ln 1 + \mathrm{i}\frac{\pi}{2} + \mathrm{i}2k\pi)} = \mathrm{e}^{-(2k+\frac{1}{2})\pi}$（$k = 0, \pm 1, \pm 2, \cdots$）．

例 19 求 $\mathrm{i}^{\frac{2}{3}}$．

解 $\mathrm{i}^{\frac{2}{3}} = \mathrm{e}^{\frac{2}{3}\mathrm{Ln}\,\mathrm{i}} = \mathrm{e}^{\frac{2}{3}(\frac{\pi}{2}+2k\pi)\mathrm{i}} = \cos\left(\dfrac{\pi}{3} + \dfrac{4}{3}k\pi\right) + \mathrm{i}\sin\left(\dfrac{\pi}{3} + \dfrac{4}{3}k\pi\right)$（$k = 0,1,2$），

所以 $\mathrm{i}^{\frac{2}{3}}$ 的三个值分别为 $\dfrac{1}{2} + \mathrm{i}\dfrac{\sqrt{3}}{2}$，$\dfrac{1}{2} - \mathrm{i}\dfrac{\sqrt{3}}{2}$，$-1$．

2.3.4 三角函数

由等式 $\mathrm{e}^{\mathrm{i}x} = \cos x + \mathrm{i}\sin x$，$\mathrm{e}^{-\mathrm{i}x} = \cos x - \mathrm{i}\sin x$，可以得到

$$\sin x = \frac{\mathrm{e}^{\mathrm{i}x} - \mathrm{e}^{-\mathrm{i}x}}{2\mathrm{i}}，\quad \cos x = \frac{\mathrm{e}^{\mathrm{i}x} + \mathrm{e}^{-\mathrm{i}x}}{2}，$$

其中 x 为实数，将其推广到复数域上，给出复变正弦和余弦函数的定义．

定义 7 设 z 为任一复变量，称 $f(z) = \dfrac{1}{2\mathrm{i}}(\mathrm{e}^{\mathrm{i}z} - \mathrm{e}^{-\mathrm{i}z})$ 与 $g(z) = \dfrac{1}{2}(\mathrm{e}^{\mathrm{i}z} + \mathrm{e}^{-\mathrm{i}z})$ 分别为复变量 z 的正弦函数与余弦函数，分别记为 $\sin z$ 与 $\cos z$，即

$$\sin z = \frac{1}{2\mathrm{i}}(\mathrm{e}^{\mathrm{i}z} - \mathrm{e}^{-\mathrm{i}z})，\quad \cos z = \frac{1}{2}(\mathrm{e}^{\mathrm{i}z} + \mathrm{e}^{-\mathrm{i}z})．$$

正弦函数与余弦函数的性质（可由指数函数的性质推出）：

（1）$\sin z$ 与 $\cos z$ 都是以 2π 为周期的周期函数，即
$\sin(z + 2\pi) = \sin z$，$\cos(z + 2\pi) = \cos z$；

（2）$\sin z$ 为奇函数，$\cos z$ 为偶函数，即对任意的 z 有
$\sin(-z) = -\sin z$，$\cos(-z) = \cos z$；

（3）实变函数中的三角恒等式，在复变函数中依然成立，如

$$\sin\left(z+\frac{\pi}{2}\right)=\cos z,\quad \sin^2 z+\cos^2 z=1,$$

$$\sin(z_1+z_2)=\sin z_1\cos z_2+\cos z_1\sin z_2,$$

$$\cos(z_1+z_2)=\cos z_1\cos z_2-\sin z_1\sin z_2 \text{ 等；}$$

（4）$|\sin z|$ 和 $|\cos z|$ 都是无界的.

因为 $|\cos z|=\left|\dfrac{e^{i(x+iy)}+e^{-i(x+iy)}}{2}\right|=\dfrac{1}{2}\left|e^{-y}\cdot e^{ix}-e^{y}\cdot e^{-ix}\right|\geqslant\dfrac{1}{2}\left|e^{y}-e^{-y}\right|$，

可见，当 $|y|$ 无限增大时，$|\cos z|$ 趋于无穷大，同理可知，$|\sin z|$ 也是无界的；

（5）$\sin z$ 和 $\cos z$ 在复平面内均为解析函数，且

$$(\sin z)'=\cos z,\quad (\cos z)'=-\sin z.$$

例如，$(\sin z)'=\left(\dfrac{e^{iz}-e^{-iz}}{2i}\right)'=\dfrac{1}{2i}[e^{iz}\cdot i-e^{-iz}\cdot(-i)]$

$$=\frac{1}{2}(e^{iz}+e^{-iz})=\cos z.$$

其他 4 个三角函数，利用 $\sin z$ 和 $\cos z$ 来定义：

$$\tan z=\frac{\sin z}{\cos z},\quad \cot z=\frac{\cos z}{\sin z},\quad \sec z=\frac{1}{\cos z},\quad \csc z=\frac{1}{\sin z}.$$

$\tan z$，$\cot z$，$\sec z$，$\csc z$ 都在分母不为零处解析，且有

$$(\tan z)'=\sec^2 z,\quad (\cot z)'=-\csc^2 z,$$

$$(\sec z)'=\sec z\cdot\tan z,\quad (\csc z)'=-\csc z\cdot\cot z.$$

例 20 求 $\cos i$ 和 $\sin(1+2i)$.

解 根据定义，有

$$\cos i=\frac{e^{i\cdot i}+e^{-i\cdot i}}{2}=\frac{e^{-1}+e}{2},$$

$$\sin(1+2i)=\frac{e^{i(1+2i)}-e^{-i(1+2i)}}{2i}=\frac{e^{-2}(\cos 1+i\sin 1)-e^{2}(\cos 1-i\sin 1)}{2i}$$

$$=\frac{e^2+e^{-2}}{2}\sin 1+i\frac{e^2-e^{-2}}{2}\cos 1.$$

2.3.5 反三角函数

反三角函数作为三角函数的反函数来定义.

定义 8 如果 $z=\sin w$，$z=\cos w$，$z=\tan w$，则称 w 分别为 z 的反正弦、反余弦、反正切函数，分别记为

$$w=\operatorname{Arc}\sin z,\quad w=\operatorname{Arc}\cos z,\quad w=\operatorname{Arc}\tan z.$$

由于三角函数是用指数函数定义的，所以，可以推出反三角函数与指数函数

的反函数—对数函数之间的关系：

（1） $\mathrm{Arc}\sin z=-\mathrm{i}\,\mathrm{Ln}(\mathrm{i}z+\sqrt{1-z^2})$；

（2） $\mathrm{Arc}\cos z=-\mathrm{i}\,\mathrm{Ln}(z+\sqrt{z^2-1})$；

（3） $\mathrm{Arc}\tan z=-\dfrac{\mathrm{i}}{2}\mathrm{Ln}\dfrac{1+\mathrm{i}z}{1-\mathrm{i}z}$．

下面推导（1）式，其余可自行推之.

因为
$$z=\sin w=\frac{\mathrm{e}^{\mathrm{i}w}-\mathrm{e}^{-\mathrm{i}w}}{2\mathrm{i}},$$
所以
$$\mathrm{e}^{2\mathrm{i}w}-2z\mathrm{i}\mathrm{e}^{\mathrm{i}w}-1=0,$$
从而
$$\mathrm{e}^{\mathrm{i}w}=\mathrm{i}z+\sqrt{1-z^2},$$
即
$$w=-\mathrm{i}\,\mathrm{Ln}(\mathrm{i}z+\sqrt{1-z^2}).$$
其中 $\sqrt{1-z^2}$ 为双值函数， $w=-\mathrm{i}\,\mathrm{Ln}(\mathrm{i}z+\sqrt{1-z^2})$ 为多值函数.

限于反三角函数的多值性，研究其解析性时，需要讨论它们各自的单值连续分支，在此就不一一讨论了.

2.3.6* 双曲函数与反双曲函数

定义 9 函数 $\mathrm{sh}\,z=\dfrac{\mathrm{e}^z-\mathrm{e}^{-z}}{2}$， $\mathrm{ch}\,z=\dfrac{\mathrm{e}^z+\mathrm{e}^{-z}}{2}$ 和 $\mathrm{th}\,z=\dfrac{\mathrm{sh}\,z}{\mathrm{ch}\,z}$ 分别称为复变量 z 的双曲正弦函数，双曲余弦函数和双曲正切函数.

双曲正弦、双曲余弦函数的性质：

（1） $\mathrm{sh}(-z)=-\mathrm{sh}\,z$， $\mathrm{ch}(-z)=\mathrm{ch}\,z$；

（2） $\mathrm{sh}\,z$，$\mathrm{ch}\,z$ 都是以 $2\pi\mathrm{i}$ 为周期的周期函数；

（3） $\mathrm{ch}^2 z-\mathrm{sh}^2 z=1$；

（4） $\mathrm{sh}(z_1+z_2)=\mathrm{sh}\,z_1\,\mathrm{ch}\,z_2+\mathrm{ch}\,z_1\,\mathrm{sh}\,z_2$；
$\mathrm{ch}(z_1+z_2)=\mathrm{ch}\,z_1\,\mathrm{ch}\,z_2+\mathrm{sh}\,z_1\,\mathrm{sh}\,z_2$；

（5） $\mathrm{sh}(\mathrm{i}z)=\mathrm{i}\sin z$，$\mathrm{ch}(\mathrm{i}z)=\cos z$，
$\sin(\mathrm{i}z)=\mathrm{i}\,\mathrm{sh}\,z$，$\cos(\mathrm{i}z)=\mathrm{ch}\,z$；

（6） $\mathrm{sh}\,z$， $\mathrm{ch}\,z$ 在复平面内解析，且
$(\mathrm{sh}\,z)'=\mathrm{ch}\,z$，$(\mathrm{ch}\,z)'=\mathrm{sh}\,z$.

双曲正切函数 $\mathrm{th}\,z$ 在复平面上除去 $z=\left(k+\dfrac{1}{2}\right)\pi\mathrm{i}$（$k$ 为整数）各点外是解析的，且
$$(\mathrm{th}\,z)'=\frac{1}{\mathrm{ch}^2 z}.$$

反双曲函数的定义为双曲函数的反函数：

反双曲正弦函数　$\operatorname{Arcsh} z = \operatorname{Ln}(z+\sqrt{z^2+1})$；

反双曲余弦函数　$\operatorname{Arcch} z = \operatorname{Ln}(z+\sqrt{z^2-1})$；

反双曲正切函数　$\operatorname{Arcth} z = \dfrac{1}{2}\operatorname{Ln}\dfrac{1+z}{1-z}$，

它们都是无穷多值函数.

本章小结

本章重点讨论了函数可导与解析的概念、初等函数及其解析性等，其核心问题都是函数的解析性，解析函数也是复变函数这门课程研究的主要对象，为加深对这些概念的理解，总结如下：

1．函数的可导与解析是既有区别又有联系的两个概念，在某区域内可导与在该区域内解析是等价的（可导与可微等价）；但在一点解析，要求不但在这一点可导，而且还要在这点的某邻域内的所有点都可导.

本课程研究的解析函数是广义的，允许有个别奇点出现，奇点总是与解析点相联系的，而对于在某区域内处处不解析的函数就无从论及奇点了．例如函数 $f(z)=\overline{z}$ 在复平面内处处不可微，即处处不解析，当然就不能说复平面中的点都是它的奇点.

2．复变函数 $f(z)$ 在某区域内解析，要求二元实函数 $u(x,y),v(x,y)$ 在某区域内可微或存在连续偏导数，并且还要求它们在该区域内满足 C-R 条件.

3．复变函数连续、可导、解析之间的关系

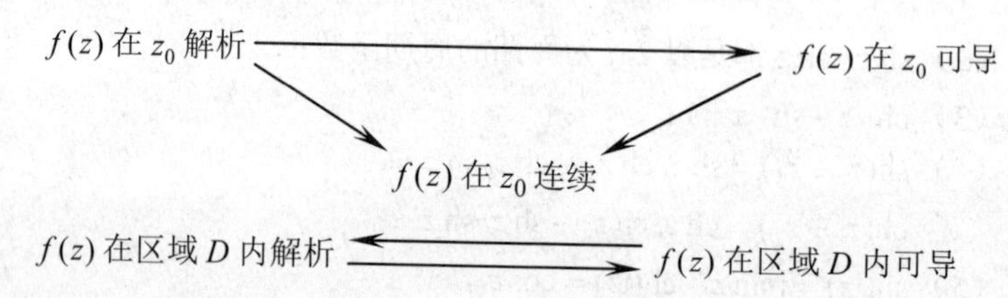

4．复变函数可导与解析的判断方法

（1）利用可导与解析的定义以及运算法则；

（2）利用可导与解析的充要条件.

5．解析函数的求导方法

（1）利用导数的定义求导数；

（2）利用导数公式和求导法则求导数；

（3）利用下列公式求导数： $f'(z)=\dfrac{\partial u}{\partial x}+\mathrm{i}\dfrac{\partial v}{\partial x}=\dfrac{\partial v}{\partial y}-\mathrm{i}\dfrac{\partial u}{\partial y}$.

6．初等函数

复变数基本初等函数是由实变数初等函数推广而来的，在推广过程中，大部分性质得以保留，但也有不少新性质，如指数函数以 $2\pi\mathrm{i}$ 为基本周期，正弦、余弦函数在复平面上不再有界，对数函数、一般幂函数的多值性等．

基本初等函数的定义都是以指数函数为基础的，因而要很好地掌握指数函数的性质．对数函数是另一个重要函数，因为反三角函数、幂函数的定义都涉及到对数函数，我们所讨论的各种单值函数中，以指数函数为核心，各种多值函数中，则以对数函数为核心，所以要熟练掌握它们的定义、性质及解析性等．

7．初等函数的解析性

初等函数解析性的讨论是以指数函数的解析性为基础的，所以研究初等解析函数的性质，也归结为指数函数来研究．

习题 2

1．应用导数定义讨论下面函数的导数存在否？

（1） $f(z)=\mathrm{Re}\,z$ ；　　（2） $f(z)=\mathrm{Im}\,z$.

2．讨论下列函数的可微性．

（1） $f(z)=xy^2+\mathrm{i}x^2y$ ；　　（2） $f(z)=3x^3+\mathrm{i}2y^3$.

3．求下列函数的导数．

（1） $(z-1)^5$ ；　　（2） $z^3+2\mathrm{i}z$ ；

（3） $\dfrac{1}{z^2-1}$ ；　　（4） $(2-z)(z+1)$ ；

（5） $\dfrac{z+1}{1-z}$ ；　　（6） $(3z^2+2)^2$.

4．设 $w=\dfrac{x^3y(y-\mathrm{i}x)}{x^3+y^2}$ （$z\neq 0$），$w(0)=0$ ，求函数在原点的导数．

5．讨论下列函数的可导性，如果可导，求出 $f'(z)$.

（1） $f(z)=x^2+\mathrm{i}y^2$ ；　　（2） $f(z)=z\,\mathrm{Im}\,z$.

6．下列函数何处可导、何处解析．

（1） $f(z)=x^2+\mathrm{i}y$ ；　　（2） $f(z)=12x^3+3y^3\mathrm{i}$ ；

（3） $f(z)=x^3-3xy^2+(3x^2y-y^3)\mathrm{i}$.

7．下列函数在何处满足 C-R 条件．

（1） $w=3-z+2z^2$ ；　　（2） $w=\dfrac{1}{z}$ ；

（3） $w=x$ ；　　（4） $w=|z|^2z$.

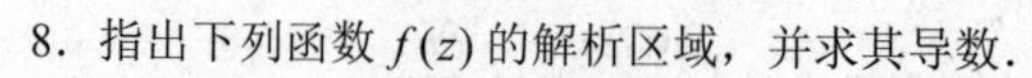

8．指出下列函数 $f(z)$ 的解析区域，并求其导数．

（1）$f(z)=3z^3-\mathrm{i}z^2+5z$；（2）$f(z)=(z+3\mathrm{i})^2$；

（3）$f(z)=\dfrac{1}{z^2+1}$．

9．找出下列函数的奇点．

（1）$f(z)=\dfrac{2z+1}{z(z^2+1)}$；（2）$f(z)=\dfrac{\sin z}{z^3}$；

（3）$f(z)=\dfrac{z^3+\mathrm{i}}{z^3-3z+2}$；（4）$f(z)=\dfrac{z-3}{(z-1)(z^2+9)}$；

（5）$f(z)=\ln(z+1)$；（6）$f(z)=\mathrm{e}^{\frac{1}{z-1}}$．

10．设 $f(z)=x^2+axy+by^2+\mathrm{i}(cx^2+dxy+y^2)$，问常数 a,b,c,d 取何值时，$f(z)$ 在复平面内处处解析？

11．证明下列函数在 Z 平面上解析，并求其导数．

（1）$f(z)=x^2-y^2+\mathrm{i}(2xy-2)$；（2）$f(z)=\mathrm{e}^{2x}\cos 2y+\mathrm{i}\mathrm{e}^{2x}\sin 2y$．

12．试证 $f(z)=\mathrm{e}^{\bar{z}}$ 在复平面上处处不解析．

13．计算下列各式的值．

（1）$\mathrm{Ln}(1+\mathrm{i})$；（2）$\mathrm{Ln}(-\mathrm{i})$；

（3）$\mathrm{Ln}(-3+4\mathrm{i})$（提示：数 $-3+4\mathrm{i}$ 的辐角的主值等于 $\pi-\arctan\dfrac{4}{3}$）．

14．计算下列各式的值．

（1）$\mathrm{e}^{-\mathrm{i}\frac{\pi}{2}}$；（2）$\mathrm{e}^{1-\mathrm{i}\frac{\pi}{2}}$；

（3）$\mathrm{e}^{3+\mathrm{i}}$；（4）$\mathrm{i}^{1+\mathrm{i}}$；

（5）$(1+\mathrm{i})^{\mathrm{i}}$；（6）$3^{\mathrm{i}}$．

15．计算下列各式的值．

（1）$\sin\mathrm{i}$；（2）$\cos(1+\mathrm{i})$；

（3）$\tan(2-\mathrm{i})$；（4）$\mathrm{ch}\,\mathrm{i}$；

（5）$\mathrm{sh}(-2+\mathrm{i})$；（6）$\sin(x+\mathrm{i}y)$；

（7）$\cos(x+\mathrm{i}y)$．

16．计算下列各式的值．

（1）$\mathrm{Arcsin}\,3$；（2）$\mathrm{Arcsin}\,\mathrm{i}$；

（3）$\mathrm{Arcsin}(\sqrt{2}-\mathrm{i})$；（4）$\mathrm{Arctan}\dfrac{\mathrm{i}}{3}$；

（5）$\mathrm{Arctan}(1+2\mathrm{i})$；（6）$\mathrm{Arcth}\,\mathrm{i}$．

17．解方程 $\mathrm{e}^z=1+\sqrt{3}\mathrm{i}$．

18．解方程 $\sin z=2$．

自测题 2

一、填空题

1．复变函数的可导与解析在___________等价，在___________不等价；

2．如果 $u(x,y)$ 与 $v(x,y)$ 在点 (x,y) 可微，且___________，则 $f(z)=u(x,y)+\mathrm{i}v(x,y)$ 在点 $z=x+\mathrm{i}y$ 处可导；

3．函数 $f(z)=u(x,y)+\mathrm{i}v(x,y)$ 在区域 D 内解析的充要条件是___________；

4．如果 $f(z)$ 在点 z_0 处不解析，则 z_0 为 $f(z)$ 的___________.

二、选择题

1．如果 z_0 是 $f(z)$ 的奇点，则 $f(z)$ 在 z_0 处一定（　　）；

A．不解析　　B．不可导　　C．可导　　D．解析

2．下列函数中为解析函数的是（　　）；

A．$f(z)=x^2-\mathrm{i}y$　　B．$f(z)=2x^3+\mathrm{i}3y^3$

C．$f(z)=xy^2+\mathrm{i}x^2y$　　D．$f(z)=\sin x\operatorname{ch}y+\mathrm{i}\cos x\operatorname{sh}y$

3．设 $\mathrm{e}^z=1-\mathrm{i}$，则 $\operatorname{Im}z$ 等于（　　）；

A．$-\frac{\pi}{4}$　　B．$2k\pi-\frac{\pi}{4}$　　C．$\frac{\pi}{4}$　　D．$2k\pi+\frac{\pi}{4}$

4．函数 $f(z)=\frac{1}{1+z^2}$ 在圆域 $|z|<1$ 内（　　）.

A．可导　　B．不连续　　C．不可导　　D．连续不可导

三、计算题

1．下列函数在何处有导数，并求其导数.

（1）$\bar{z}\mathrm{i}$；　　（2）$(z-1)(z+3)$；

（3）$\frac{z-2}{z^2+1}$.

2．下列函数何处可导，何处解析？

（1）$f(z)=xy^2+\mathrm{i}x^2y$；　　（2）$f(z)=x^2+\mathrm{i}y^2$；

（3）$f(z)=2x^3+3y^3\mathrm{i}$.

3．函数 $f(z)=my^3+nx^2y+\mathrm{i}(x^3+lxy^2)$ 是全平面上的解析函数，求 l,m,n 的值.

4．求下列函数的奇点.

（1）$\frac{z+1}{z(z^2+1)}$；　　（2）$\frac{z-2}{(z+1)^2(z^2+1)}$.

5．计算下列各式的值.

（1）$\ln(-3+4\mathrm{i})$；（2）$\mathrm{e}^{1+\mathrm{i}}$；

（3）$\exp[(1+\mathrm{i}\pi)/4]$；（4）$\cos(2-\mathrm{i})$；

（5）$\mathrm{i}^{-\mathrm{i}}$；（6）$\mathrm{e}^{1+\pi\mathrm{i}}+\cos\mathrm{i}$.

6. 求下列函数的实部与虚部，利用 C—R 条件讨论这些函数的可导性与解析性.

（1）$f(z)=2z^3+3\mathrm{i}z$；（2）$f(z)=z|z|$；

（3）$f(z)=\mathrm{Re}(z-1)^2$.

第 3 章　复变函数的积分

本章学习目标

- 了解复变函数积分的概念
- 了解复变函数积分的性质
- 掌握积分与路径无关的相关知识
- 熟练掌握柯西—古萨基本定理
- 会用复合闭路定理解决一些问题
- 会用柯西积分公式
- 会求解析函数的高阶导数

本章中我们将给出复变函数积分的概念，然后讨论解析函数积分的性质，其中最重要的就是解析函数积分的基本定理与基本公式．这些性质是解析函数积分的基础，借助于这些性质，我们将得出解析函数的导数仍然是解析函数这个重要的结论．

3.1　复变函数积分的概念

3.1.1　积分的定义

假设 C 为 z 平面上给定的一条光滑（或按段光滑）曲线．如果选定 C 的两个可能方向中的一个作为正方向，那么我们就把 C 理解为带有方向的曲线，简称有向曲线．如果改变 C 的正向，那么我们就把这个改变了方向的曲线记作 C^{-}．除了曲线 C 是闭曲线的情况外，为了表明 C 的正方向，只需把它的两个端点 α 与 β 中的一个（例如 α ）指定为起点，而另一个为终点，那么从起点到终点的方向就是 C 的正方向，如图 3.1 所示的箭头．

定义 1　设函数 $\omega = f(z)$ 定义在区域 D 内，C 为区域 D 内起点为 α 和终点为 β 的一条光滑(或按段光滑)的有向曲线，把曲线 C 任意分成 n 个弧段，设分点为

$$\alpha = z_0, z_1, z_2 \cdots, z_{k-1}, z_k, \cdots, z_n = \beta \text{，}$$

在 z_{k-1} 到 z_k 弧段上任意取一点 ζ_k ，其中 $k = 1, 2, \cdots n$ （如图 3.1 所示），并做出和式

$$S_n = \sum_{k=1}^{n} f(\zeta_k)(z_k - z_{k-1}) = \sum_{k=1}^{n} f(\zeta_k)\Delta z_k \text{，}$$

这里$\Delta z_k = z_k - z_{k-1}$，记$\Delta s_k$为$z_{k-1}$到$z_k$弧段的长度，设$\delta = \max\limits_{1\leqslant k\leqslant n}\{\Delta s_k\}$，当$n$无限增加，且$\delta$趋于零时，如果不论对$C$的分法与$\zeta_k$的取法如何，$S_n$有唯一极限，那么称这个极限值为函数$\omega = f(z)$沿曲线$C$的积分，记作

$$\int_C f(z)\mathrm{d}z = \lim_{\delta\to 0}\sum_{k=1}^{n} f(\zeta_k)\Delta z_k .$$

如果C是闭曲线，那么沿此闭曲线C的积分记作$\oint_C f(z)\mathrm{d}z$.

我们容易看出，当C是x轴上的区间$\alpha \leqslant x \leqslant \beta$，而$f(z) = u(x)$时，这个积分就是一元实变函数定积分.

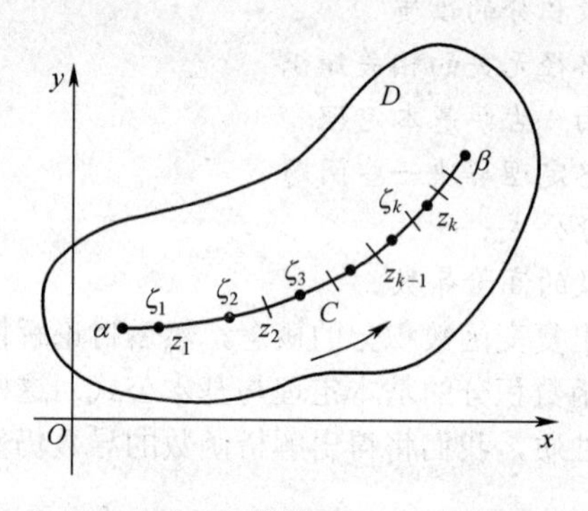

图 3.1

3.1.2 积分存在的条件及其计算方法

设光滑曲线C由参数方程

$$z = z(t) = x(t) + \mathrm{i}y(t),\ \ t_\alpha \leqslant t \leqslant t_\beta$$

给出，正方向为参数增加的方向，参数t_α及t_β对应着起点α及终点β，并且$z'(t) \neq 0$，$t_\alpha < t < t_\beta$. 如果$f(z) = u(x,y) + \mathrm{i}v(x,y)$在$D$内处处连续，那么$u(x,y)$及$v(x,y)$均为$D$内的连续函数. 设$\zeta_k = \xi_k + \mathrm{i}\eta_k$，由于

$$\Delta z_k = z_k - z_{k-1} = (x_k + \mathrm{i}y_k) - (x_{k-1} + \mathrm{i}y_{k-1}) = (x_k - x_{k-1}) + \mathrm{i}(y_k - y_{k-1}) = \Delta x_k + \mathrm{i}\Delta y_k ,$$

所以

$$\sum_{k=1}^{n} f(\zeta_k)\Delta z_k = \sum_{k=1}^{n}\left[u(\xi_k,\eta_k) + \mathrm{i}v(\xi_k,\eta_k)\right](\Delta x_k + \mathrm{i}\Delta y_k)$$

$$= \sum_{k=1}^{n}\left[u(\xi_k,\eta_k)\Delta x_k - v(\xi_k,\eta_k)\Delta y_k\right] + \mathrm{i}\sum_{k=1}^{n}\left[v(\xi_k,\eta_k)\Delta x_k + u(\xi_k,\eta_k)\Delta y_k\right].$$

由于u,v都是连续函数，根据曲线积分的存在定理，我们知道当n无限增大且弧段长度的最大值趋于零时，不论对C的分法如何，点(ξ_k,η_k)的取法如何，上式右端的两个和式的极限都是存在的，因此有

$$\int_C f(z)\mathrm{d}z = \int_C u\mathrm{d}x - v\mathrm{d}y + i\int_C v\mathrm{d}x + u\mathrm{d}y .$$

这个结果说明了两个问题：

（1）当 $f(z)$ 是连续函数而 C 是光滑（或按段光滑）曲线时，积分 $\int_C f(z)\mathrm{d}z$ 是一定存在的.

（2）$\int_C f(z)\mathrm{d}z$ 可以通过两个二元实变函数的线积分来计算.

根据线积分的计算方法，我们有：

$$\int_C f(z)\mathrm{d}z = \int_{t_\alpha}^{t_\beta} \left\{u\left[x(t),y(t)\right]x'(t) - v\left[x(t),y(t)\right]y'(t)\right\}\mathrm{d}t$$

$$+\mathrm{i}\int_{t_\alpha}^{t_\beta} \left\{v\left[x(t),y(t)\right]x'(t) + u\left[x(t),y(t)\right]y'(t)\right\}\mathrm{d}t,$$

上式右端可以写成

$$\int_{t_\alpha}^{t_\beta} \left\{u\left[x(t),y(t)\right] + \mathrm{i}v\left[x(t),y(t)\right]\right\}\left[x'(t)+iy'(t)\right]\mathrm{d}t = \int_{t_\alpha}^{t_\beta} f\left[z(t)\right]z'(t)\mathrm{d}t .$$

所以
$$\int_C f(z)\mathrm{d}z = \int_{t_\alpha}^{t_\beta} f\left[z(t)\right]z'(t)\mathrm{d}t .$$

如果 C 是有 $C_1,C_2,\cdots C_n$ 等光滑曲线段依此相互连接所组成的按段光滑曲线，那么我们定义

$$\int_C f(z)\,\mathrm{d}z = \int_{C_1} f(z)\mathrm{d}z + \int_{C_2} f(z)\mathrm{d}z + \cdots + \int_{C_n} f(z)\mathrm{d}z .$$

今后我们所讨论的积分，如无特别说明，总假定被积函数是连续的，曲线 C 是按段光滑的.

3.1.3 积分的性质

从积分的定义我们可以推得积分有下列一些简单性质，它们是与实变函数中曲线积分的性质相类似的：

（1）$\int_C f(z)\mathrm{d}z = -\int_{C^-} f(z)\mathrm{d}z$ ；

（2）$\int_C kf(z)\mathrm{d}z = k\int_C f(z)\mathrm{d}z$　　（k 为常数）；

（3）$\int_C \left[f(z)\pm g(z)\right]\mathrm{d}z = \int_C f(z)\mathrm{d}z \pm \int_C g(z)\mathrm{d}z$ ；

（4）设曲线 C 的长度为 L，函数 $f(z)$ 在 C 上满足 $\left|f(z)\right| \leqslant M$ ，那么，

$$\left|\int_C f(z)\mathrm{d}z\right| \leqslant \int_C \left|f(z)\right|\mathrm{d}z \leqslant ML .$$

事实上，$\left|\Delta z_k\right|$ 是 z_{k-1} 与 z_k 两点之间的距离，Δs_k 为 z_{k-1} 到 z_k 两点之间的弧段长度

$$\left|\sum_{k=1}^{n} f(\zeta_k)\Delta z_k\right| \leqslant \sum_{k=1}^{n}\left|f(\zeta_k)\Delta z_k\right| \leqslant \sum_{k=1}^{n}\left|f(\zeta_k)\right|\Delta s_k ,$$

两端取极限，得

$$\left|\int_C f(z)\mathrm{d}z\right| \leqslant \int_C \left|f(z)\right|\mathrm{d}z ,$$

这里$\int_C \left|f(z)\right|\mathrm{d}z$表示连续函数（非负的）$\left|f(z)\right|$沿$C$所取的曲线积分，因此便得不等式的第一部分，又因为

$$\sum_{k=1}^{n}\left|f(\zeta_k)\right|\Delta s_k \leqslant M\sum_{k=1}^{n}\Delta s_k = ML ,$$

所以　$\int_C \left|f(z)\right|\mathrm{d}z \leqslant ML$，这是不等式的第二部分.

我们把简单闭曲线的两个方向规定为正向和负向．所谓简单闭曲线的正向是指当顺此方向沿该曲线前进时，曲线的内部始终位于曲线的左方，相反的方向规定为简单闭曲线的负向．以后遇到积分路线为简单闭曲线的情形，如无特别声明，总是指曲线的正向.

例 1　计算$\int_C z\mathrm{d}z$，其中C为从原点到点$3+4\mathrm{i}$的直线段.

解　直线的方程可写成

$$x=3t,\ y=4t,\ 0\leqslant t\leqslant 1 ,$$

或

$$z=3t+\mathrm{i}4t,\ 0\leqslant t\leqslant 1 ,$$

在C上，$z=(3+\mathrm{i}4)t$，$\mathrm{d}z=(3+4\mathrm{i})\mathrm{d}t$，$0\leqslant t\leqslant 1$，于是

$$\int_C z\mathrm{d}z=\int_0^1(3+4\mathrm{i})^2 t\mathrm{d}t=(3+4\mathrm{i})^2\int_0^1 t\mathrm{d}t=\frac{1}{2}(3+4\mathrm{i})^2 t^2\Big|_0^1=\frac{1}{2}(3+4\mathrm{i})^2 .$$

又因为

$$\int_C z\mathrm{d}z=\int_C (x+\mathrm{i}y)(\mathrm{d}x+\mathrm{i}\mathrm{d}y)=\int_C x\mathrm{d}x-y\mathrm{d}y+\mathrm{i}\int_C y\mathrm{d}x+x\mathrm{d}y ,$$

容易验证，右边两个线积分都与路线C无关，所以$\int_C z\mathrm{d}z$的值无论C是怎样的曲线都等于$\frac{1}{2}(3+4\mathrm{i})^2$.

例 2　计算$\oint_C \frac{\mathrm{d}z}{(z-z_0)^{n+1}}$，其中$C$为以$z_0$为中心，$r$为半径的正向圆周，$n$为整数.

解　C的方程可写成　$z=z_0+r\mathrm{e}^{\mathrm{i}\theta}$，$0\leqslant\theta\leqslant 2\pi$，如图 3.2 所示.

所以

$$\oint_C \frac{\mathrm{d}z}{(z-z_0)^{n+1}} = \int_0^{2\pi} \frac{\mathrm{i}r\mathrm{e}^{\mathrm{i}\theta}}{r^{n+1}\mathrm{e}^{\mathrm{i}(n+1)\theta}}\mathrm{d}\theta = \int_0^{2\pi} \frac{\mathrm{i}}{r^n \mathrm{e}^{\mathrm{i}n\theta}}\mathrm{d}\theta = \frac{\mathrm{i}}{r^n}\int_0^{2\pi} \mathrm{e}^{-\mathrm{i}n\theta}\mathrm{d}\theta .$$

当 $n=0$ 时，结果为：$\mathrm{i}\int_0^{2\pi}\mathrm{d}\theta = 2\pi\mathrm{i}$；

当 $n\neq 0$ 时，结果为：$\dfrac{\mathrm{i}}{r^n}\int_0^{2\pi}(\cos n\theta - \mathrm{i}\sin n\theta)\mathrm{d}\theta = 0$，

所以 $$\oint_{|z-z_0|=r} \frac{\mathrm{d}z}{(z-z_0)^{n+1}} = \begin{cases} 2\pi\mathrm{i}, & n=0, \\ 0, & n\neq 0, \end{cases}$$

即 $$\oint_C \frac{\mathrm{d}z}{(z-z_0)^{n+1}} = \begin{cases} 2\pi\mathrm{i}, & n=0, \\ 0, & n\neq 0. \end{cases}$$

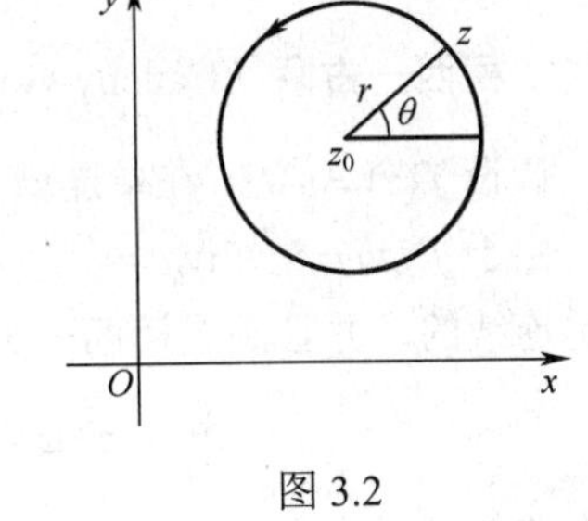

图 3.2

例 3 计算 $\int_C \overline{z}\mathrm{d}z$ 的值，其中 C 为

（1）沿从(0,0)到(1,1)的线段：$x=t,\ y=t,\ 0\leqslant t\leqslant 1$；

（2）沿从(0,0)到(1,0)的线段 C_1：$x=t,\ y=0,\ 0\leqslant t\leqslant 1$ 与从(1,0)到(1,1)的线段 $C_2: x=1,\ y=t,\ 0\leqslant t\leqslant 1$ 所连接成的折线.

解 （1）$\int_C \overline{z}\mathrm{d}z = \int_0^1 (t-\mathrm{i}t)(1+\mathrm{i})\mathrm{d}t = \int_0^1 2t\mathrm{d}t = 1$；

（2）
$$\begin{aligned}\int_C \overline{z}\mathrm{d}z &= \int_{C_1}\overline{z}\mathrm{d}z + \int_{C_2}\overline{z}\mathrm{d}z \\ &= \int_0^1 t\mathrm{d}t + \int_0^1 (1-\mathrm{i}t)\,\mathrm{i}\mathrm{d}t \\ &= \frac{1}{2} + \left(\frac{1}{2}+\mathrm{i}\right) = 1+\mathrm{i} .\end{aligned}$$

3.2 积分基本定理

3.2.1 积分与路径无关问题

从上一节所举的例子看来，例 1 中的被积分函数 $f(z)=z$ 在复平面内是处处解析的，它沿连接从起点到终点的任何路线的积分值都相同，换句话说，积分是与路径无关的. 例 2 中的被积分函数，当 $n=0$ 时为 $\dfrac{1}{(z-z_0)}$，它在以 z_0 为中心的圆周 C 的内部不是处处解析的，因为在 z_0 没有定义，当然在 z_0 不解析了，而此时 $\oint_C \dfrac{\mathrm{d}z}{(z-z_0)} = 2\pi\mathrm{i}\neq 0$，如果我们把 z_0 除去，虽然在除去 z_0 的 C 的内部，函数是处

处解析的，但是这个区域已经不是单连通的了.

例 3 中的被积分函数 $f(z)=\overline{z}=x-\mathrm{i}y$，实部 $u=x$，虚部 $v=-y$，由于 $u_x=1$, $u_y=0,\ v_x=0,\ v_y=-1$，不满足柯西—黎曼方程，所以在复平面内是处处不解析的，且积分 $\int_C \overline{z}\mathrm{d}z$ 的值与路径有关.

由此可见积分的值与路径无关，或沿封闭的曲线的积分值为零的条件，可能与被积分函数的解析性及区域的单连通性有关.

3.2.2 柯西—古萨（Cauchy-Goursat）基本定理

假设 $f(z)=u+\mathrm{i}v$ 在单连域 B 内解析，且 $f'(z)$ 在 B 内连续，$\mathrm{d}z=\mathrm{d}x+\mathrm{i}\mathrm{d}y$.

由于 $f'(z)=u_x+\mathrm{i}v_x=v_y-\mathrm{i}u_y$，所以 u 和 v 以及它们的偏导数 u_x,u_y,v_x,v_y 在 B 内都是连续的，并且满足柯西—黎曼方程 $u_x=v_y,\ v_x=-u_y$，从而有

$$\oint_C f(z)\mathrm{d}z=\oint_C u\mathrm{d}x-v\mathrm{d}y+\mathrm{i}\oint_C v\mathrm{d}x+u\mathrm{d}y, \tag{3.1}$$

其中 C 为 B 内任何一条简单闭曲线（路线 C 取正向）. 由格林公式与柯西—黎曼方程得

$$\oint_C u\mathrm{d}x-v\mathrm{d}y=\int_D(-v_x-u_y)\,\mathrm{d}\sigma=0;$$

$$\oint_C v\mathrm{d}x+u\mathrm{d}y=\iint_D(u_x-v_y)\,\mathrm{d}\sigma=0.$$

其中 D 是 C 所包围区域，所以式（3.1）的左端为零. 因此，在上面的假设下，函数 $f(z)$ 沿 B 内任何一条简单闭曲线（路线 C 取正向）的积分值为零. 即 $\oint_C f(z)\mathrm{d}z=0$.

实际上，$f'(z)$ 在 B 内连续的假设是不必要的，我们有下面一条在解析函数理论中最基本的定理.

柯西—古萨（Cauchy-Goursat）基本定理 如果函数 $f(z)$ 在单连域 B 内处处解析，那么函数 $f(z)$ 沿 B 内的任何一条简单闭曲线 C 的积分值为零（如图 3.3 所示）. 即

$$\oint_C f(z)\mathrm{d}z=0.$$

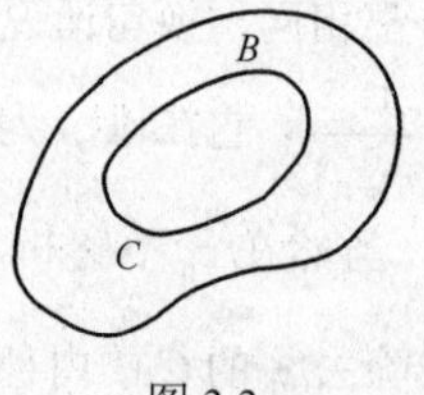

图 3.3

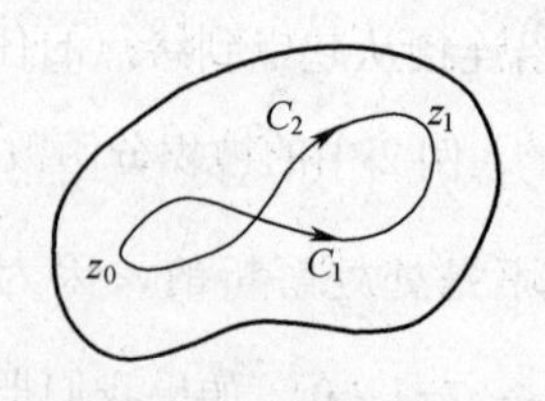

图 3.4

3.2.3 几个等价定理

定理 1 如果函数 $f(z)$ 在单连域 B 内处处解析，那么积分 $\int_C f(z)\mathrm{d}z$ 与连接从起点到终点的路线 C 无关.

因为线积分与路径无关和沿封闭曲的积分为零是两个等价性质，所以定理 1 显然成立.

由定理 1 可知，解析函数在单连域内的积分只与起点和终点有关，如图 3.4 所示，我们可写作

$$\int_{C_1} f(z)\,\mathrm{d}z=\int_{C_2} f(z)\,\mathrm{d}z=\int_{z_0}^{z_1} f(z)\,\mathrm{d}z\,,$$

z_0 和 z_1 分别称为积分下限和上限. 如果下限 z_0 固定，让上限 z_1 变动，令 $z_1=z$，那么积分 $\int_{z_0}^{z} f(z)\,\mathrm{d}z$ 是上限 z 的函数

$$F(z)=\int_{z_0}^{z} f(z)\,\mathrm{d}z\,.$$

对这个积分我们有：

定理 2 如果函数 $f(z)=u+\mathrm{i}v$ 在单连域 B 内处处解析，那么函数 $F(z)$ 必为 B 内的解析函数，并且 $F'(z)=f(z)$. 证略.

下面我们再来讨论解析函数积分的计算. 首先引入原函数的概念.

如果函数 $\varphi(z)$ 的导数等于 $f(z)$，即 $\varphi'(z)=f(z)$，那么我们称 $\varphi(z)$ 为 $f(z)$ 的一个原函数. 因此 $\int_{z_0}^{z} f(z)\,\mathrm{d}z$ 为 $f(z)$ 的一个原函数.

结论 $f(z)$ 的任何两个原函数相差一个常数.

利用原函数的这个关系，我们可以推得与牛顿—莱布尼兹公式类似的解析函数积分的计算公式.

定理 3 如果函数 $f(z)$ 在单连域 B 内处处解析，$G(z)$ 为 $f(z)$ 的一个原函数，那么

$$\int_{z_0}^{z} f(z)\mathrm{d}z=G(z)-G(z_0)\,.$$

这里 z_0,z 为区域 B 内的两点.

证 因为 $F(z)=\int_{z_0}^{z} f(z)\mathrm{d}z$ 也是 $f(z)$ 的一个原函数，所以

$$\int_{z_0}^{z} f(z)\mathrm{d}z=G(z)+C\,.$$

当 $z=z_0$ 时，根据柯西—古萨基本定理，得 $C=-G(z_0)$. 因此

$$\int_{z_0}^{z} f(z)\mathrm{d}z = G(z) - G(z_0).$$

例如，由于 $\frac{1}{3}z^3$ 为 z^2 的一个原函数，所以

$$\int_{\alpha}^{\beta} z^2\mathrm{d}z = \frac{1}{3}z^3\bigg|_{\alpha}^{\beta} = \frac{1}{3}(\beta^3 - \alpha^3).$$

例 4 计算 $\int_{-\pi i}^{\pi i} \sin^2 z\mathrm{d}z$.

解 $\int_{-\pi i}^{\pi i} \sin^2 z\mathrm{d}z = \int_{-\pi i}^{\pi i} \frac{1-\cos 2z}{2}\mathrm{d}z = \frac{1}{2}\left[z - \frac{1}{2}\sin 2z\right]\bigg|_{-\pi i}^{\pi i} = \pi i - \frac{1}{2}\sin 2\pi i$.

例 5 计算 $\int_0^1 z\sin z\mathrm{d}z$.

解 $\int_0^1 z\sin z\mathrm{d}z = -\int_0^1 z\mathrm{d}\cos z = -\left[z\cos z\bigg|_0^1 - \int_0^1 \cos z\mathrm{d}z\right]$

$= -\left[z\cos z - \sin z\right]\bigg|_0^1 = \sin 1 - \cos 1$.

例 6 计算 $\int_0^{i} (z-1)\mathrm{e}^{-z}\mathrm{d}z$.

解 $\int_0^{i} (z-1)\mathrm{e}^{-z}\mathrm{d}z = -\int_0^{i} (z-1)\mathrm{d}\mathrm{e}^{-z} = -\left[(z-1)\mathrm{e}^{-z}\bigg|_0^{i} - \int_0^{i} \mathrm{e}^{-z}\mathrm{d}z\right]$

$= -\left[(z-1)\mathrm{e}^{-z} + \mathrm{e}^{-z}\right]\bigg|_0^{i} = -i\mathrm{e}^{-i} = -i\left[\cos(-1) + i\sin(-1)\right]$

$= -\sin 1 - i\cos 1$.

例 7 计算 $\int_{-\pi i}^{3\pi i} \mathrm{e}^{2z}\mathrm{d}z$.

解 $\int_{-\pi i}^{3\pi i} \mathrm{e}^{2z}\mathrm{d}z = \frac{1}{2}\int_{-\pi i}^{3\pi i} \mathrm{e}^{2z}\mathrm{d}(2z) = \frac{1}{2}\mathrm{e}^{2z}\bigg|_{-\pi i}^{3\pi i} = \frac{1}{2}\left[\mathrm{e}^{6\pi i} - \mathrm{e}^{-2\pi i}\right] = 0$.

3.3 基本定理的推广——复合闭路定理

我们可以把柯西—古萨基本定理推广到多连域的情况．如果函数 $f(z)$ 在多连域 D 内解析，C 为 D 内的任意一条简单闭曲线，且 C 的内部完全含于 D，从而 $f(z)$ 在 C 上及其内部解析，故知 $\oint_C f(z)\mathrm{d}z = 0$.

但是，当 C 的内部不完全含于 D 时，我们就不一定有上面的等式，如本章 3.1

节中的例 2 就说明了这一点．

为了把柯西—古萨基本定理推广到多连域的情形，我们假设 C 及 C_1 为 D 内的任意两条（正向为逆时针方向）简单闭曲线，C_1 在 C 的内部，而且以 C 及 C_1 为边界的区域 D_1 完全含于 D．作两条不相交的直线 AA'，BB'．它们依次连接 C 上某一点 A 到 C_1 上的一点 A'，以及 C_1 上某一点 B'（异于 A'）到 C 上的一点 B，而且此两段直线除去它们的端点外完全含于 D_1，这样一来就使得 $AEBB'E'A'A$ 及 $AA'F'B'BFA$ 形成两条全在 D 内的简单闭曲线．它们的内部完全含于 D（如图 3.5 所示）．

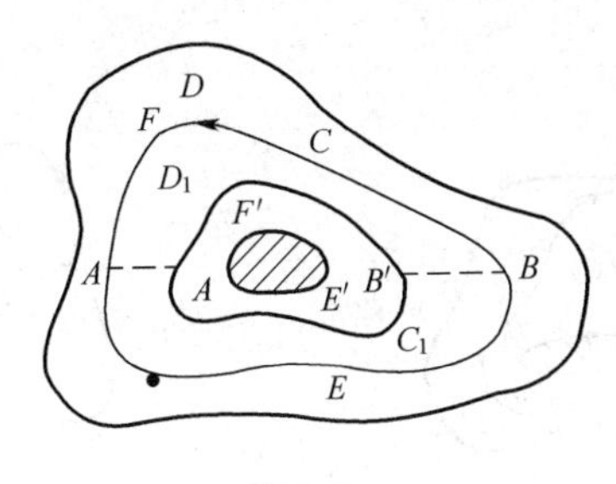

图 3.5

由上面所说，得知

$$\oint_{AEBB'E'A'A} f(z)\mathrm{d}z = 0\text{，}\oint_{AA'F'B'BFA} f(z)\mathrm{d}z = 0\text{．}$$

将上面两等式相加，得

$$\oint_C f(z)\mathrm{d}z + \oint_{C_1^-} f(z)\mathrm{d}z + \int_{AA'} f(z)\mathrm{d}z + \int_{A'A} f(z)\mathrm{d}z + \int_{B'B} f(z)\mathrm{d}z + \int_{BB'} f(z)\mathrm{d}z = 0\text{，}$$

即

$$\oint_C f(z)\mathrm{d}z + \oint_{C_1^-} f(z)\mathrm{d}z = 0\text{，} \tag{3.2}$$

或

$$\oint_C f(z)\mathrm{d}z = \oint_{C_1} f(z)\mathrm{d}z\text{．} \tag{3.3}$$

式（3.2）说明，如果我们把如上两条简单闭曲线 C 及 C_1^- 看成一条复合闭路 Γ，而且它的正向为：外面的闭曲线 C 按逆时针方向进行，内部的闭曲线 C_1 按顺时针方向进行，那么

$$\oint_\Gamma f(z)\mathrm{d}z = 0\text{．}$$

式（3.3）说明，在区域内的一个解析函数沿闭曲线的积分，不因闭曲线在区域内作连续变形而改变它的值，这一重要事实，称为闭路变形原理．

用同样的方法，我们可以证明：

定理 4（复合闭路定理） 设 C 为多连域 D 内的一条简单闭曲线，$C_1, C_2, \cdots C_n$

是在C内部的简单闭曲线，它们互不包含也互不相交，并且以$C_1,C_2,\cdots,C_n$为边界的区域全含于D内（见图3.6），如果函数$f(z)$在D内解析，那么

（1）$\oint_C f(z)\mathrm{d}z=\sum_{k=1}^{n}\oint_{C_k} f(z)\mathrm{d}z$，其中$C$及$C_k$均取正方向；

（2）$\oint_\Gamma f(z)\mathrm{d}z=0$.

这里Γ为由C及C_k^-（$k=1,2,\cdots,n$）所组成的复合闭路（其方向是：C按逆时针方向进行，C_k^-按顺时针方向进行）.

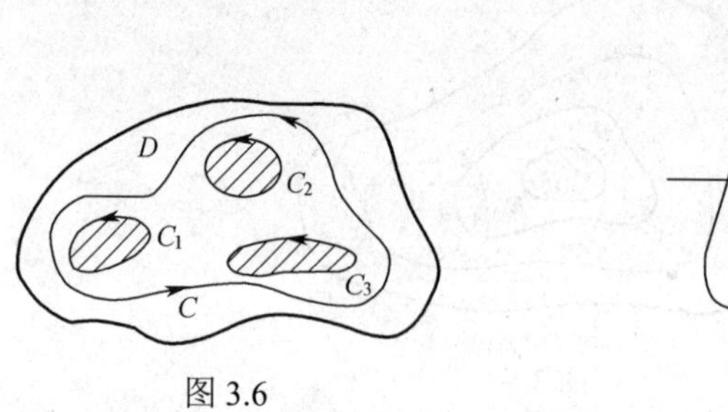

图 3.6

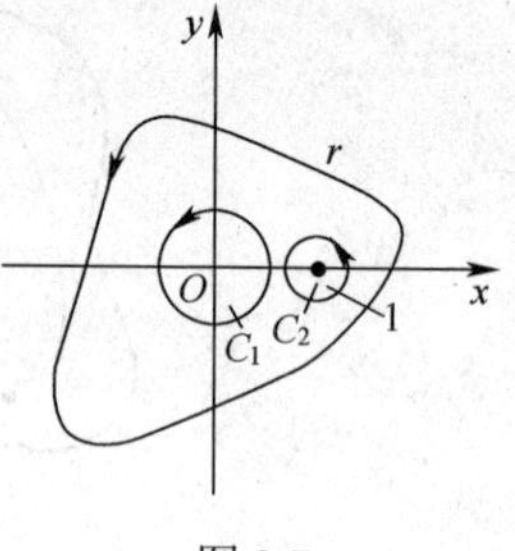

图 3.7

例如，从本章3.1节的例2可知：C为以z_0为中心的正向圆周时，

$$\oint_C \frac{\mathrm{d}z}{(z-z_0)}=2\pi\mathrm{i},$$

所以，根据闭路变形原理，对于包含z_0的任何一条正向简单闭曲线Γ都有：

$$\oint_\Gamma \frac{\mathrm{d}z}{(z-z_0)}=2\pi\mathrm{i}.$$

例 8 计算$\oint_\Gamma \frac{\mathrm{d}z}{(z^2-z)}$的值，$\Gamma$为包含圆周$|z|=1$在内的任何一条正向简单闭曲线（如图3.7所示）.

解
$$\oint_\Gamma \frac{\mathrm{d}z}{(z^2-z)}=\oint_{C_1} \frac{\mathrm{d}z}{(z^2-z)}+\oint_{C_2} \frac{\mathrm{d}z}{(z^2-z)}$$
$$=\oint_{C_1} \frac{\mathrm{d}z}{z-1}\mathrm{d}z-\oint_{C_1} \frac{1}{z}\mathrm{d}z+\oint_{C_2} \frac{1}{z-1}\mathrm{d}z-\oint_{C_2} \frac{1}{z}\mathrm{d}z$$
$$=0-2\pi\mathrm{i}+2\pi\mathrm{i}-0=0.$$

3.4 柯西积分公式

设B为一单连通域，z_0为B中一点，如果函数$f(z)$在B内解析，那么函数$\frac{f(z)}{z-z_0}$在z_0不解析. 所以在B内沿围绕z_0的一条闭曲线C的积分$\oint_C \frac{f(z)}{z-z_0}\mathrm{d}z$一般

不为零，又根据闭路变形原理，这积分的值沿任何一条围绕 z_0 的简单闭曲线的积分值都是相同的，那么我们就取以 z_0 为中心，半径为 δ 的很小的正向圆周 $|z-z_0|=\delta$ 作为积分曲线 C_0. 由于 $f(z)$ 的连续性，在 C_0 上的函数值 $f(z)$ 与在圆心 z_0 的函数值相差很小，这使我们想到积分 $\oint_{C_0}\frac{f(z)}{z-z_0}\mathrm{d}z$ 的值随 δ 的缩小而逐渐接近于 $\oint_C\frac{f(z)}{z-z_0}\mathrm{d}z$.

因为
$$\oint_{C_0}\frac{f(z_0)}{z-z_0}\mathrm{d}z=f(z_0)\oint_{C_0}\frac{1}{z-z_0}\mathrm{d}z=2\pi\mathrm{i}f(z_0),$$
其实两者是相等的，即 $\oint_C\frac{f(z)}{z-z_0}\mathrm{d}z=2\pi\mathrm{i}f(z_0)$.

我们有下面的定理：

定理 5（柯西积分公式） 如果函数 $f(z)$ 在区域 D 内处处解析，C 为 D 内的任何一条正向简单闭曲线，它的内部完全含于 D，z_0 为 C 内的任一点，那么

$$f(z_0)=\frac{1}{2\pi\mathrm{i}}\oint_C\frac{f(z)}{z-z_0}\mathrm{d}z. \tag{3.4}$$

式（3.4）称为柯西积分公式. 通过这个公式就可以把一个函数在 C 内部任何一点的值，用它在边界上的值来表示.

例 9 计算 $\frac{1}{2\pi\mathrm{i}}\oint_{|z|=4}\frac{\sin z}{z}\mathrm{d}z$（沿圆周正向）.

解 由公式（3.4）得

$$\frac{1}{2\pi\mathrm{i}}\oint_{|z|=4}\frac{\sin z}{z}\mathrm{d}z=\sin z\Big|_{z=0}=0.$$

例 10 计算 $\oint_{|z|=4}\left(\frac{1}{z+1}+\frac{2}{z-3}\right)\mathrm{d}z$（沿圆周正向）.

解 由公式（3.4）得

$$\oint_{|z|=4}\left(\frac{1}{z+1}+\frac{2}{z-3}\right)\mathrm{d}z=\oint_{|z|=4}\frac{1}{z+1}\mathrm{d}z+2\oint_{|z|=4}\frac{1}{z-3}\mathrm{d}z$$
$$=2\pi\mathrm{i}\cdot 1+2\pi\mathrm{i}\cdot 2=6\pi\mathrm{i}.$$

柯西积分公式不但提供了计算某些复变函数沿闭路积分的一种方法，而且给出了解析函数的一个积分表达式，是研究解析函数的有力工具（见 3.5 节）.

如果 C 是圆周 $z=z_0+r\mathrm{e}^{\mathrm{i}\theta}$，那么式（3.4）成为

$$f(z_0)=\frac{1}{2\pi}\int_0^{2\pi}f(z_0+r\mathrm{e}^{\mathrm{i}\theta})\mathrm{d}\theta,$$

也就是说，一个解析函数在圆心处的值等于它在圆周上的平均值.

3.5 解析函数的高阶导数

一个解析函数不仅有一阶导数，而且有各高阶导数．这一点与实变函数完全不同，因为一个实变函数的可导性不保证导数的连续性，因而不能保证高阶导数的存在．关于解析函数的高阶导数我们有下面的定理

定理 6 解析函数 $f(z)$ 的导数仍为解析函数，它的 n 阶导数为

$$f^{(n)}(z_0)=\frac{n!}{2\pi\mathrm{i}}\oint_C\frac{f(z)}{(z-z_0)^{n+1}}\mathrm{d}z\quad(n=1,2,\cdots),\tag{3.5}$$

其中 C 为在函数 $f(z)$ 的解析区域 D 内围绕 z_0 的任何一条正向简单闭曲线，而且它的内部完全含于 D .

例 11 计算 $\oint_C\frac{\cos\pi z}{(z-1)^5}\mathrm{d}z$；其中 C 为正向圆周：$|z|=r>1$.

解 函数 $\frac{\cos\pi z}{(z-1)^5}$ 在 C 内的 $z=1$ 处不解析，但 $\cos\pi z$ 在 C 内却是处处解析的．由式（3.5）得

$$\oint_C\frac{\cos\pi z}{(z-1)^5}\mathrm{d}z=\frac{2\pi\mathrm{i}}{(5-1)!}(\cos\pi z)^{(4)}\Big|_{z=1}=-\frac{\pi^5\mathrm{i}}{12}.$$

例 12 计算 $\oint_C\frac{\mathrm{e}^z}{(z^2+1)^2}\mathrm{d}z$；其中 C 为正向圆周：$|z|=r>1$.

解 函数 $\frac{\mathrm{e}^z}{(z^2+1)^2}$ 在 C 内的 $z=\pm\mathrm{i}$ 处不解析，我们在 C 内，以 i 为中心作一个正向圆周 C_1，以 $-\mathrm{i}$ 为中心作一个正向圆周 C_2，C_1 与 C_2 即互不包含，又互不相交（如图 3.8 所示），那么函数 $\frac{\mathrm{e}^z}{(z^2+1)^2}$ 在由 C_1 和 C_2 所围成的区域中是解析的．

根据复合闭路定理

$$\oint_C\frac{\mathrm{e}^z}{(z^2+1)^2}\mathrm{d}z=\oint_{C_1}\frac{\mathrm{e}^z}{(z^2+1)^2}\mathrm{d}z+\oint_{C_2}\frac{\mathrm{e}^z}{(z^2+1)^2}\mathrm{d}z,$$

由式（3.5）得

$$\oint_{C_1}\frac{\mathrm{e}^z}{(z^2+1)^2}\mathrm{d}z=\oint_{C_1}\frac{\frac{\mathrm{e}^z}{(z+\mathrm{i})^2}}{(z-\mathrm{i})^2}\mathrm{d}z=\frac{2\pi\mathrm{i}}{(2-1)!}\left[\frac{\mathrm{e}^z}{(z+\mathrm{i})^2}\right]'\Bigg|_{z=\mathrm{i}}=\frac{(1-\mathrm{i})\mathrm{e}^{\mathrm{i}}}{2}\pi,$$

同样可得

$$\oint_{C_2}\frac{\mathrm{e}^z}{(z^2+1)^2}\mathrm{d}z=-\frac{(1+\mathrm{i})\mathrm{e}^{-\mathrm{i}}}{2}\pi,$$

所以， $$\oint_C \frac{\mathrm{e}^z}{(z^2+1)^2}\mathrm{d}z = \frac{\pi}{2}(1-\mathrm{i})(\mathrm{e}^{\mathrm{i}}-\mathrm{i}\mathrm{e}^{-\mathrm{i}}) = \frac{\pi}{2}(1-\mathrm{i})^2(\cos 1 - \sin 1)$$

$$= \mathrm{i}\pi\sqrt{2}\sin\left(1-\frac{\pi}{4}\right).$$

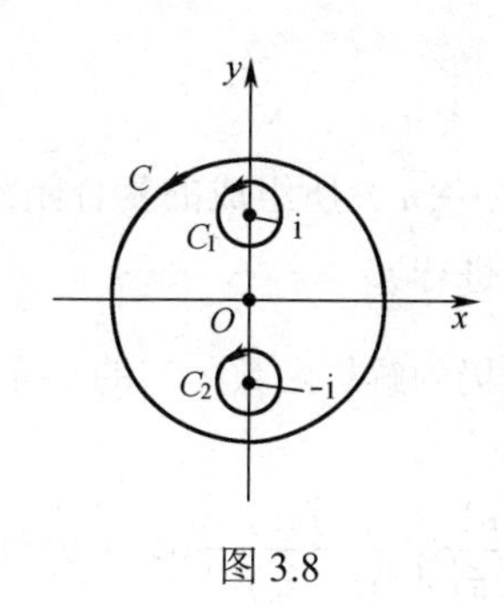

图 3.8

本章小结

本章中我们给出了复变函数积分的概念．$\int_C f(z)\mathrm{d}z$ 可以通过两个二元实变函数的积分来计算．根据线积分的计算方法，我们有：

$$\int_C f(z)\mathrm{d}z = \int_{t_\alpha}^{t_\beta} f\left[z(t)\right]z'(t)\mathrm{d}t\ .$$

而更重要的是讨论了解析函数积分的性质，其中最重要的就是所谓解析函数积分的基本定理（柯西—古萨基本定理）．

如果函数 $f(z)$ 在单连域 B 内处处解析，那么函数 $f(z)$ 沿 B 内的任何一条简单闭曲线 C 的积分值为零．即 $\oint_C f(z)\mathrm{d}z = 0$.

由此可推出一系列重要结论：

1．如果函数 $f(z)$ 在单连域 B 内处处解析，那么积分 $\int_C f(z)\mathrm{d}z$ 与连接从起点到终点的路线 C 无关．

2．如果函数 $f(z)=u+\mathrm{i}v$ 在单连域 B 内处处解析，那么函数 $F(z)$ 必为 B 内的解析函数，并且 $F'(z)=f(z)$.

3．如果函数 $f(z)$ 在单连域 B 内处处解析，$G(z)$ 为 $f(z)$ 的一个原函数，那么

$$\int_{z_0}^{z} f(z)\mathrm{d}z = G(z) - G(z_0)\ .$$

4．基本定理的推广——复合闭路定理：

（1）$\oint_C f(z)\,\mathrm{d}z = \sum_{k=1}^{n} \oint_{C_k} f(z)\,\mathrm{d}z$，其中 C 及 C_k 均取正方向；

（2）$\oint_\Gamma f(z)\mathrm{d}z = 0$，

这里 Γ 为由 C 及 C_k^-（$k=1,2,\cdots,n$）所组成的复合闭路（其方向是：C 按逆时针方向进行，C_k^- 按顺时针方向进行）.

5．解析函数 $f(z)$ 的导数仍为解析函数，它的 n 阶导数为

$$f^{(n)}(z_0) = \frac{n!}{2\pi \mathrm{i}} \oint_C \frac{f(z)}{(z-z_0)^{n+1}}\,\mathrm{d}z \quad (n=1,2,\cdots),$$

其中 C 为在函数 $f(z)$ 的解析区域 D 内围绕 z_0 的任何一条正向简单闭曲线，而且它的内部完全含于 D .

这些性质与公式是解析函数积分的基础，借助于这些性质，我们将得出解析函数的导数仍然是解析函数这个重要的结论.

习题 3

1．沿下列路线计算积分 $\int_0^{3+\mathrm{i}} z^2\mathrm{d}z$：

（1）自原点至 $3+\mathrm{i}$ 的直线段；

（2）自原点沿实轴至 3，再由此而来铅直向上至 $3+\mathrm{i}$.

2．试用观察法得出下列积分的值，并说明观察时所依据的是什么？C 是正向圆周 $|z|=1$.

（1）$\int_C \frac{\mathrm{d}z}{z-\frac{1}{2}}$；　　（2）$\oint_C z\mathrm{e}^z\mathrm{d}z$；

（3）$\oint_C \frac{\mathrm{d}z}{\left(z-\frac{\mathrm{i}}{2}\right)(z+2)}$.

3．计算下列积分，C 是正向圆周 $|z|=1$.

（1）$\oint_C \frac{\mathrm{d}z}{z-2}$；　　（2）$\oint_C \frac{\mathrm{d}z}{z^2+2z+4}$；

（3）$\oint_C \frac{\mathrm{d}z}{\cos z}$；　　（4）$\oint_C \frac{\mathrm{d}z}{z^2+4}$；

（5）$\oint_C \frac{dz}{e^z}$；

（6）$\oint_C \ln(z+2)dz$．

4．沿指定曲线的正向计算下列积分：

（1）$\oint_C \frac{e^z}{z-2}dz$，$C:|z-2|=1$；

（2）$\oint_C \frac{1}{z^2-a^2}dz$，$C:|z-a|=a$；

（3）$\oint_C \frac{e^{iz}}{z^2+1}dz$，$C:|z-2i|=\frac{3}{2}$；

（4）$\oint_C \frac{2i}{z^2+1}dz$，$C:|z-1|=3$；

（5）$\oint_C \frac{2z-1}{z^2-z}dz$，$C:|z|=3$；

（6）$\oint_C \frac{2i}{z^2-2iz}dz$，$C:|z|=1$．

5．沿指定曲线的正向计算下列积分：

（1）$\oint_C \frac{dz}{(z^2+1)(z^2+4)}$，$C:|z|=\frac{3}{2}$；

（2）$\oint_C \frac{\sin z}{z}dz$，$C:|z|=1$；

（3）$\oint_C \frac{\sin z}{\left(z-\frac{\pi}{2}\right)^2}dz$，$C:|z|=2$；

（4）$\oint_C \frac{1}{z^3-1}dz$，$C:|z-1|=1$；

（5）$\oint_C \frac{1}{z^4-1}dz$，$C:|z-1|=1$；

（6）$\oint_C \frac{1}{z^4(z-2)^4}dz$，$C:|z|=1$．

自测题 3

1．计算积分$\int_0^{3+i} z^2dz$．自原点沿虚轴至i，再由i沿水平方向至$3+i$．（10分）

2．计算积分$\oint_C \frac{dz}{z-\frac{1}{2}}$，$C$：正向圆周$|z|=1$．（5分）

3．沿指定曲线的正向计算下列积分：

（1）$\oint_C \frac{z}{z-3}dz$，$C:|z|=2$；（5分）

（2）$\oint_C \frac{dz}{(z^2-1)(z^3-1)}$，$C:|z|=r<1$；（5分）

（3）$\oint_C z^3\cos z dz$，C为包围$z=0$的闭曲线．（5分）

4．沿指定曲线的正向计算下列积分：

（1）$\oint_C \frac{e^z}{z^5}dz$，$C:|z|=1$；（5分）

（2）$\oint_C \frac{2i}{z^2+1}dz$，$C:|z-1|=6$．（5分）

5．沿指定曲线的正向计算下列各积分：

（1）$\oint_C \frac{e^z}{z-2}dz$，$C:|z-2|=1$；（8分）

（2）$\oint_C \frac{1}{z^2-a^2}\mathrm{d}z$，$C:|z-a|=a$；（8 分）

（3）$\oint_C \frac{\mathrm{e}^{\mathrm{i}z}}{z^2+1}\mathrm{d}z$，$C:|z-2\mathrm{i}|=\frac{3}{2}$；（8 分）

（4）$\oint_C \frac{z}{z-3}\mathrm{d}z$，$C:|z|=2$．（8 分）

6．计算下列各积分：

（1）$\oint_C \left(\frac{4}{z+1}+\frac{3}{z+2\mathrm{i}}\right)\mathrm{d}z$，其中 $C:|z|=4$ 为正向；（11 分）

（2）$\oint_C \frac{2\mathrm{i}}{z^2+1}\mathrm{d}z$，其中 $C:|z-1|=6$ 为正向．（12 分）

第 4 章　级数

本章学习目标

- 了解幂级数的概念
- 会求泰勒级数
- 会把函数 $f(z)$ 在 z_0 展开成幂级数
- 知道幂级数和罗伦级数的区别与联系
- 会求函数在不同的收敛圆环域内的罗伦级数

4.1　幂级数

4.1.1　幂级数的概念

形如

$$c_0+c_1(z-a)+c_2(z-a)^2+\cdots+c_n(z-a)^n+\cdots \tag{4.1}$$

或

$$c_0+c_1z+c_2z^2+\cdots+c_nz^n+\cdots \tag{4.2}$$

的表达式称为幂级数，记作 $\sum\limits_{n=0}^{\infty}c_n(z-a)^n$ 或 $\sum\limits_{n=0}^{\infty}c_nz^n$.

如果令 $z-a=\xi$，那么（4.1）成为 $\sum\limits_{n=0}^{\infty}c_n\xi^n$，这是（4.2）的形式，为了方便，我们今后常就（4.2）来讨论.

式（4.2）中的最前面 n 项的和 $S_n(z)=c_0+c_1z+c_2z^2+\cdots+c_nz^n$ 称为幂级数的部分和.

如果对于区域 D 内的某一点 z_0，极限 $\lim\limits_{n\to\infty}S_n(z_0)=S(z_0)$ 存在，那么我们就说幂级数在 z_0 收敛，而 $S(z_0)$ 就是它的和. 如果级数在区域 D 内处处收敛，那么它的和一定是 z 的一个函数 $S(z)$：

$$S(z)=c_0+c_1z+c_2z^2+\cdots+c_nz^n+\cdots,$$

称为幂级数（4.2）的和函数.

同实变函数一样，关于幂级数也有：

1. 收敛圆与收敛半径

对于级数 $\sum_{n=0}^{\infty} c_n z^n$ 存在一个正实数 R，使得当 $|z| < R$ 时级数绝对收敛，当 $|z| > R$ 时级数发散，当 $|z| = R$ 时不确定，要对具体级数具体分析；$|z| < R$ 时称为级数的收敛圆，R 称为级数的收敛半径.

如果 $\lim\limits_{n\to\infty}\left|\frac{C_{n+1}}{C_n}\right| = \rho$ 或 $\lim\limits_{n\to\infty}\sqrt[n]{|C_n|} = \rho$，则 $R = \frac{1}{\rho}$. 其中，$\rho = 0$ 时，$R = +\infty$；$\rho = +\infty$ 时，$R = 0$（此时级数只有当时 $z = 0$ 收敛）.

2. 级数在其收敛圆内性质

级数在其收敛圆内有如下性质：

（1）可以逐项求导；

（2）可以逐项积分.

由上述性质 1 可知，在其收敛圆内，幂级数的和函数的各阶导数均存在，由此可知：

（3）在收敛圆内，幂级数的和函数是解析函数.

例 1 求 $\sum_{n=1}^{\infty}\frac{z^n}{n^3}$ 的收敛半径（并讨论在收敛圆周上的情形）.

解 因为 $\lim\limits_{n\to\infty}\left|\frac{C_{n+1}}{C_n}\right| = \lim\limits_{n\to\infty}\left(\frac{n}{n+1}\right)^3 = 1$，所以，收敛半径 $R = 1$.

即原级数在圆 $|z| = 1$ 内收敛，在圆外发散. 在圆周 $|z| = 1$ 上，原级数 $= \sum_{n=1}^{\infty}\left|\frac{z^2}{n^3}\right| = \sum_{n=1}^{\infty}\frac{1}{n^3}$ 收敛，所以原级数在收敛圆内和收敛圆周上处处收敛.

例 2 求 $\sum_{n=1}^{\infty}\frac{(z-1)^n}{n}$ 的收敛半径（并讨论 $z = 0, 2$ 的情形）.

解 因为 $\lim\limits_{n\to\infty}\left|\frac{C_{n+1}}{C_n}\right| = \lim\limits_{n\to\infty}\frac{n}{n+1} = 1$，所以，收敛半径 $R = 1$，即原级数在圆 $|z-1| = 1$ 内收敛.

当 $z = 0$ 时，原级数成为 $\sum_{n=1}^{\infty}(-1)^n\frac{1}{n}$ 为交错级数，根据莱布尼兹准则，原级数收敛；

当 $z = 2$ 时，原级数成为 $\sum_{n=1}^{\infty}\frac{1}{n}$，它是调和级数，所以原级数发散.

4.1.2 泰勒级数

定理 1 若函数 $f(z)$ 在圆盘 $|z-z_0|<R$ 内解析，则 $f(z)$ 在该圆盘内可展成 $z-z_0$ 的幂级数，这种展式是唯一的，且为

$$f(z)=c_0+c_1(z-z_0)+c_2(z-z_0)^2+\cdots+c_n(z-z_0)^n+\cdots, \tag{4.3}$$

或

$$f(z)=\sum_{n=0}^{\infty}c_n(z-z_0)^n.$$

其中 $c_n=\dfrac{f^{(n)}(z_0)}{n!}$，$n=0,1,2,\cdots$.

式（4.3）称为 $f(z)$ 在 z_0 的泰勒展开式，它的右端称为 $f(z)$ 在 z_0 的泰勒级数，c_n（$n=0,1,2,\cdots$）称为泰勒系数.

应当指出：

（1）只要函数 $f(z)$ 在圆盘 $|z-z_0|<R$ 内解析，$f(z)$ 就可在 z_0 展开成泰勒级数；

（2）此时泰勒级数，泰勒展开式，$z-z_0$ 的幂级数为同意语；

（3）若 $f(z)$ 在 z 平面内处处解析，则 $R=+\infty$；

（4）若 $f(z)$ 只在区域 D 内解析，z_0 为 D 的一点，则 $f(z)$ 在 z_0 的泰勒展开式的收敛半径 R 等于 z_0 到 D 的边界上各点的最短距离；

（5）若 $f(z)$ 在 z 平面上除若干孤立奇点外处处解析，则 R 等于 z_0 到最近的孤立奇点的距离.

利用泰勒展开式，我们可以直接通过计算系数 $c_n=\dfrac{f^{(n)}(z_0)}{n!}$，$n=0,1,2,\cdots$. 把函数 $f(z)$ 在 z_0 展开成幂级数.

例如 e^z 在 z_0 的泰勒展开式为

$$e^z=1+z+\frac{z^2}{2!}+\frac{z^3}{3!}+\cdots+\frac{z^n}{n!}+\cdots,$$

因为 e^z 在复平面内处处解析，所以这个等式在复平面内处处成立，并且右端幂级数的收敛半径 $R=+\infty$.

同理，

$$\sin z=z-\frac{z^3}{3!}+\frac{z^5}{5!}+\cdots+(-1)^n\frac{z^{2n+1}}{(2n+1)!}+\cdots;$$

$$\cos z=1-\frac{z^2}{2!}+\frac{z^4}{4!}-\cdots+(-1)^n\frac{z^{2n}}{(2n)!}+\cdots;$$

其收敛半径都为 $R=+\infty$.

$$\frac{1}{1+z}=1-z+z^2-\cdots+(-1)^n z^n+\cdots,$$

其收敛半径 $R=1$.

我们还可以利用泰勒展开式的唯一性及幂级数的运算和性质（级数在其收敛圆内可以逐项求导，可以逐项积分）来把函数展开成幂级数，即利用间接的方法，把函数展开成幂级数.

例 3 把函数 $\dfrac{1}{(1+z)^2}$ 展开成 z 的幂级数.

解 函数 $\dfrac{1}{(1+z)^2}$ 在单位圆周 $|z|=1$ 上有一奇点 $z=-1$，而在 $|z|<1$ 内处处解析，所以它在 $|z|<1$ 内可展开成 z 的幂级数. 而 $(\dfrac{1}{1+z})'=-\dfrac{1}{(1+z)^2}$，由公式 $\dfrac{1}{1+z}=1-z+z^2-\cdots+(-1)^n z^n+\cdots$，$|z|<1$，把上式两边逐项求导，即得所求的展开式

$$\frac{1}{(1+z)^2}=1-2z+3z^2-4z^3+\cdots+(-1)^n nz^{n-1}+\cdots,\quad |z|<1.$$

例 4 把函数 $\ln(1+z)$ 展开成 z 的幂级数.

解 因为函数 $\ln(1+z)$ 在 $|z|<1$ 内处处解析，-1 是它的一个奇点.

因为 $[\ln(1+z)]'=\dfrac{1}{1+z}$，而 $\dfrac{1}{1+z}=1-z+z^2-\cdots+(-1)^n z^n+\cdots$，$|z|<1$，在其收敛圆 $|z|<1$ 内逐项积分可得

$$\int_0^z \frac{1}{1+z}\mathrm{d}z=\int_0^z 1\mathrm{d}z-\int_0^z z\mathrm{d}z+\cdots+\int_0^z(-1)^n z^n\mathrm{d}z+\cdots,\quad |z|<1,$$

即 $$\ln(1+z)=z-\frac{z^2}{2}+\frac{z^3}{3}-\frac{z^4}{4}+\cdots+(-1)^n\frac{z^{n+1}}{n+1}+\cdots,\quad |z|<1.$$

4.2 罗伦级数

上面我们讨论了在以 z_0 为中心的圆域内解析的函数 $f(z)$ 可以在该区域内展开成 $z-z_0$ 的幂级数. 现在我们讨论了在以 z_0 为中心的圆环域 $R_1<|z-z_0|<R_2$ 内解析的函数 $f(z)$，在该区域内展开成幂级数问题.

例 5 把函数 $f(z)=z^3\mathrm{e}^{\frac{1}{z}}$ 展开成 z 的级数.

解 函数 $f(z)=z^3\mathrm{e}^{\frac{1}{z}}$ 在 $0<|z|<+\infty$ 内是处处解析的，我们知道，e^z 在复平面内的展开式是

$$\mathrm{e}^z=1+z+\frac{z^2}{2!}+\frac{z^3}{3!}+\cdots+\frac{z^n}{n!}+\cdots,$$

而$\frac{1}{z}$在$0<|z|<+\infty$内是处处解析的，所以把上式中的z代换成$\frac{1}{z}$，两边再同乘以z^3即得所求.

$$f(z)=z^3\mathrm{e}^{\frac{1}{z}}=z^3\left(1+\frac{1}{z}+\frac{1}{2!z^2}+\frac{1}{3!z^3}+\cdots\right)$$

$$=z^3+z^2+\frac{z}{2!}+\frac{1}{3!}+\frac{1}{4!z}+\frac{1}{5!z^2}+\cdots\quad(0<|z|<+\infty).$$

我们发现函数$f(z)=z^3\mathrm{e}^{\frac{1}{z}}$展开成$z$的级数，与幂级数不同的是这个级数含有$z$的负幂项，为此我们给出如下定理.

定理 2 设函数$f(z)$在圆环域$R_1<|z-z_0|<R_2$内处处解析，那么

$$f(z)=\sum_{n=-\infty}^{\infty}c_n(z-z_0)^n\,,\tag{4.4}$$

其中

$$c_n=\frac{1}{2\pi\mathrm{i}}\oint_C\frac{f(\xi)}{(\xi-z_0)^{n+1}}\mathrm{d}\xi\ (n=0,\pm1,\pm2,\cdots).\tag{4.5}$$

这里C为圆环域内绕z_0的任何一条正向简单闭曲线，并且这样的展开式是唯一的.

公式（4.4）称为函数$f(z)$在以z_0为中心的圆环域：$R_1<|z-z_0|<R_2$内的罗伦（Laurent）展开式，它的右端称为$f(z)$在此圆环域：$R_1<|z-z_0|<R_2$内的罗伦级数.

幂级数在其收敛圆内具有的许多性质，在收敛圆环域：$R_1<|z-z_0|<R_2$内的罗伦级数也具有．例如：

（1）在收敛圆环域内的罗伦级数可以逐项求导；

（2）在收敛圆环域内的罗伦级数可以逐项积分；

（3）在收敛圆环域内的罗伦级数的和函数是解析函数.

罗伦展开式的系数c_n用式（4.5）计算是很麻烦的，由罗伦级数的唯一性，我们可用别的方法，特别是代数运算、代换、求导和积分等方法展开，这样往往比较便利（即间接展开法）.

例 6 把函数$f(z)=\frac{1}{(z-1)(z-2)}$在收敛圆环域内$0<|z|<1$展开成罗伦级数（如图 4.1 所示）.

解 因为$f(z)=\frac{1}{(z-1)(z-2)}=\frac{1}{(1-z)}-\frac{1}{(2-z)}$，在$0<|z|<1$内，由于$|z|<1$，从而$\left|\frac{z}{2}\right|<1$.

所以

$$\frac{1}{1-z}=1+z+z^2+z^3+\cdots+z^n+\cdots, \tag{4.6}$$

$$\frac{1}{2-z}=\frac{1}{2}\frac{1}{1-\dfrac{z}{2}}=\frac{1}{2}\left(1+\frac{z}{2}+\frac{z^2}{2^2}+\frac{z^3}{2^3}+\cdots+\frac{z^n}{2^n}+\cdots\right), \tag{4.7}$$

因此，$f(z)=(1+z+z^2+z^3+\cdots+z^n+\cdots)-\dfrac{1}{2}\left(1+\dfrac{z}{2}+\dfrac{z^2}{2^2}+\dfrac{z^3}{2^3}+\cdots+\dfrac{z^n}{2^n}+\cdots\right)$

$$=\frac{1}{2}+\frac{3}{4}z+\frac{7}{8}z^2+\cdots \qquad (0<|z|<1).$$

罗伦级数不含 z 的负幂项，原因在于 $f(z)=\dfrac{1}{(z-1)(z-2)}$ 在 $z=0$ 处是解析的.

例 7 把函数 $f(z)=\dfrac{1}{(z-1)(z-2)}$ 在收敛圆环域内 $1<|z|<2$ 展开成罗伦级数（如图 4.2 所示）.

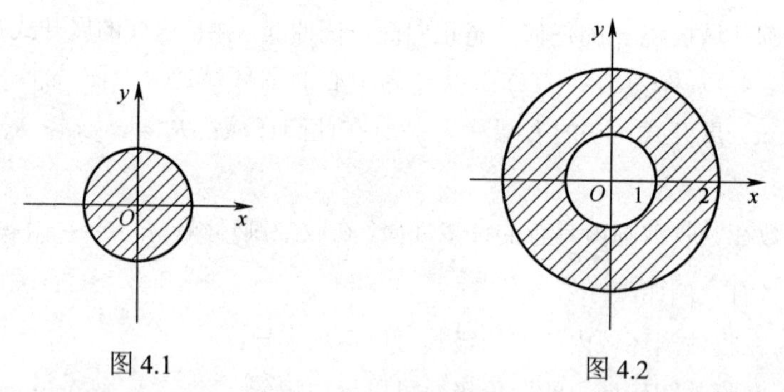

图 4.1　　　　图 4.2

解 因为 $f(z)=\dfrac{1}{(z-1)(z-2)}=\dfrac{1}{(1-z)}-\dfrac{1}{(2-z)}=-\dfrac{1}{z}\dfrac{1}{1-\dfrac{1}{z}}-\dfrac{1}{(2-z)}$，

在 $1<|z|<2$ 内，由于 $|z|>1$，所以式（4.6）不成立，但此时 $\left|\dfrac{1}{z}\right|<1$，所以

$$\frac{1}{(1-z)}=-\frac{1}{z}\frac{1}{1-\dfrac{1}{z}}=-\frac{1}{z}\left(1+\frac{1}{z}+\frac{1}{z^2}+\cdots\right). \tag{4.8}$$

由于 $|z|<2$，从而 $\left|\dfrac{z}{2}\right|<1$，所以式（4.7）仍成立．因此，我们有

$$f(z)=-\frac{1}{z}\left(1+\frac{1}{z}+\frac{1}{z^2}+\cdots\right)-\frac{1}{2}\left(1+\frac{z}{2}+\frac{z^2}{2^2}+\frac{z^3}{2^3}+\cdots+\frac{z^n}{2^n}+\cdots\right)$$

$$= \cdots - \frac{1}{z^n} - \frac{1}{z^{n-1}} - \cdots - \frac{1}{z} - \frac{1}{2} - \frac{z}{4} - \frac{z^2}{8} - \cdots \quad (1 < |z| < 2).$$

例 8 把函数 $f(z) = \frac{1}{(z-1)(z-2)}$ 在收敛圆环域内 $2 < |z| < \infty$（如图 4.3 所示）展开成罗伦级数.

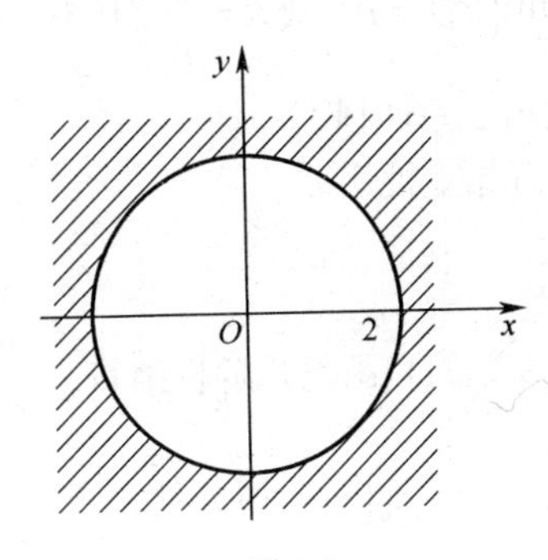

图 4.3

解 因为 $f(z) = \frac{1}{(z-1)(z-2)} = \frac{1}{(1-z)} - \frac{1}{(2-z)} = -\frac{1}{z}\frac{1}{1-\frac{1}{z}} - \frac{-1}{z}\frac{1}{\left(1-\frac{2}{z}\right)}$，

在 $2 < |z| < \infty$ 内，由于 $|z| > 2$，从而式（4.7）不成立，但此时 $\left|\frac{2}{z}\right| < 1$，所以

$$\frac{1}{(2-z)} = \frac{-1}{z}\frac{1}{\left(1-\frac{2}{z}\right)} = \frac{-1}{z}\left(1 + \frac{2}{z} + \frac{4}{z^2} + \cdots\right),$$

由于 $\left|\frac{1}{z}\right| < \left|\frac{2}{z}\right| < 1$，所以式（4.8）仍成立. 因此，有

$$f(z) = -\frac{1}{z}\left(1 + \frac{1}{z} + \frac{1}{z^2} + \cdots\right) - \frac{-1}{z}\left(1 + \frac{2}{z} + \frac{4}{z^2} + \cdots\right)$$

$$= \frac{1}{z^2} + \frac{3}{z^3} + \frac{7}{z^4} + \cdots \quad (2 < |z| < \infty).$$

通过例 6、例 7、例 8 可知同一个函数在不同的收敛圆环域内的罗伦级数一般不同；由罗伦级数的唯一性可知，同一个函数在相同的收敛圆环域内的罗伦级数一定相同.

本章小结

1．收敛圆与收敛半径

对于级数$\sum_{n=0}^{\infty} c_n z^n$存在一个正实数$R$，使得当$|z|<R$时级数绝对收敛，当$|z|>R$时级数发散，当$|z|=R$时不确定，要对具体级数具体分析；$|z|<R$时称为级数的收敛圆，$R$称为级数的收敛半径．

如果$\lim\limits_{n\to\infty}\left|\dfrac{c_{n+1}}{c_n}\right|=\rho$或$\lim\limits_{n\to\infty}\sqrt[n]{|c_n|}=\rho$，则$R=\dfrac{1}{\rho}$．其中，$\rho=0$时，$R=+\infty$；$\rho=+\infty$时，$R=0$（此时级数只有当$z=0$时收敛）．

2．级数在其收敛圆内有如下性质：

（1）可以逐项求导；

（2）可以逐项积分；

（3）在收敛圆内，幂级数的和函数是解析函数．

3．定理

设函数$f(z)$在圆环域$R_1<|z-z_0|<R_2$内处处解析，那么

$$f(z)=\sum_{n=-\infty}^{\infty} c_n (z-z_0)^n, \tag{4.9}$$

其中

$$c_n=\frac{1}{2\pi i}\oint_C \frac{f(\xi)}{(\xi-z_0)^{n+1}}d\xi \quad (n=0,\pm1,\pm2,\cdots). \tag{4.10}$$

这里C为圆环域内绕z_0的任何一条正向简单闭曲线，并且这样的展开式是唯一的．

式（4.9）称为函数$f(z)$在以z_0为中心的圆环域：$R_1<|z-z_0|<R_2$内的罗伦（Laurent）展开式，它的右端称为$f(z)$在此圆环域：$R_1<|z-z_0|<R_2$内的罗伦级数．

幂级数在其收敛圆内具有的许多性质，在收敛圆环域：$R_1<|z-z_0|<R_2$内的罗伦级数也具有：

（1）在收敛圆环域内的罗伦级数可以逐项求导；

（2）在收敛圆环域内的罗伦级数可以逐项积分；

（3）在收敛圆环域内的罗伦级数的和函数是解析函数．

习题 4

1．把函数$\dfrac{1}{1+z^3}$展开成z的泰勒级数，并指出它的收敛半径．

2．求函数$\dfrac{z-1}{z+1}$在指定点$z_0=1$处的泰勒展开式，并指出它的收敛半径．

3．求下列函数在点$z_0=0$处的泰勒展开式，并指出它的收敛半径：

（1）$\dfrac{1}{(1+z)^2}$；　　（2）$\dfrac{z^{10}}{(1+z^2)^2}$；

(3) $\dfrac{1}{z^2-5z+6}$；

(4) $\dfrac{z^{10}}{z^2-5z+6}$；

(5) $e^z\cos z$；

(6) $e^{z^2}\cos z^2$；

(7) $\sin(2z)^2$；

(8) $\ln\dfrac{1+z}{1-z}$.

4. 把下列函数在指定的圆环域内展开成罗伦级数：

(1) $\dfrac{1}{(z^2+1)(z-2)}$，$1<|z|<2$；

(2) $\sin\dfrac{1}{1-z}$，$0<|z-1|<\infty$；

(3) $(z+1)^{10}\sin\dfrac{1}{z+1}$，$0<|z+1|<\infty$；

(4) $\dfrac{1}{z(z+1)^6}$，$1<|z+1|<\infty$.

自测题 4

1. 求函数 $\dfrac{2}{(z+1)(z+2)}$ 在指定点 $z_0=2$ 处的泰勒展开式，并指出它的收敛半径.（10 分）

2. 把下列函数展开成 z 的幂级数，并指出他们的收敛半径.

(1) $\dfrac{1}{1+z^3}$；（10 分）

(2) $\dfrac{1}{(1+z^2)^2}$.（10 分）

3. 求下列各函数在指定点 z_0 处的泰勒展开式，并指出它们的收敛半径.

(1) $\dfrac{z-1}{z+1}$，$z_0=1$；（10 分）

(2) $\dfrac{z}{(z+1)(z+2)}$，$z_0=2$；（10 分）

(3) $\dfrac{1}{z^2}$，$z_0=-1$.（10 分）

4. 求函数 $f(z)=\ln(3-2z)$ 在点 $z_0=0$ 处的泰勒展开式，并指出它的收敛半径.（10 分）

5. 把下列各函数在指定的圆环域内展成罗伦级数：

(1) $\dfrac{1}{z(1-z)^2}$，$0<|z|<1$，$0<|z-1|<1$；（10 分）

(2) $\dfrac{1}{(z-1)(z-2)}$，$0<|z-1|<1$，$1<|z-2|<+\infty$.（10 分）

6. 把函数 $f(z)=\dfrac{\mathrm{i}}{z^2(z+\mathrm{i})}$ 在圆环 $0<|z|<1$ 内展成罗伦级数.（10 分）

第 5 章　留数

本章学习目标

- 了解孤立奇点的概念
- 会求可去奇点、本性奇点
- 熟练掌握极点的求法
- 会求留数
- 熟练掌握留数定理
- 会用留数定理计算积分
- 了解留数的一些应用

5.1　孤立奇点

5.1.1　孤立奇点的概念及分类

在第 3 章中曾定义函数的不解析点为奇点.

定义 1　如果函数 $f(z)$ 在 z_0 处不解析，但在 z_0 的某个去心邻域 $0<|z-z_0|<R$ 内处处解析，那么称 z_0 为 $f(z)$ 的孤立奇点.

用上一节的方法，我们可把 $f(z)$ 在它的孤立奇点 z_0 的去心邻域 $0<|z-z_0|<R$ 内展开成罗伦级数.

根据展开的罗伦级数的不同情况将孤立奇点作如下分类.

1. 可去奇点

定义 2　如果罗伦级数中不含 $z-z_0$ 的负幂项，那么孤立奇点 z_0 称为 $f(z)$ 的可去奇点.

这时 $f(z)$ 在它的孤立奇点 z_0 的去心邻域内的罗伦级数实际上就是一个普通的幂级数

$$c_0+c_1(z-z_0)+c_2(z-z_0)^2+\cdots+c_n(z-z_0)^n+\cdots.$$

因此，这个幂级数的和函数 $F(z)$ 是 z_0 的解析函数，且当 $z\neq z_0$ 时，$F(z)=f(z)$；当 $z=z_0$ 时，$F(z_0)=c_0$，但是，由于

$$\lim_{z\to z_0}f(z)=\lim_{z\to z_0}F(z)=F(z_0)=c_0,$$

所以，不论 $f(z)$ 原来在 z_0 是否有定义，如果我们令 $f(z_0)=c_0$，那么在圆域 $|z-z_0|<\sigma$ 内就有

$$f(z)=c_0+c_1(z-z_0)+c_2(z-z_0)^2+\cdots+c_n(z-z_0)^n+\cdots,$$

从而函数 $f(z)$ 在 z_0 就成为解析的了．由于这个原因，所以 z_0 就称为可去奇点．

例如　$z=0$ 是 $\dfrac{\sin z}{z}$ 的可去奇点．

因为 $\dfrac{\sin z}{z}$ 在 $z=0$ 的去心邻域内的罗伦级数为

$$\frac{\sin z}{z}=\frac{1}{z}\left(z-\frac{z^3}{3!}+\frac{z^5}{5!}-\cdots\right)=1-\frac{z^2}{3!}+\frac{z^4}{5!}-\cdots,$$

上式中不含 z 的负幂项，如果我们令 $\dfrac{\sin z}{z}$ 在 $z=0$ 的值为 1（即 c_0），$\dfrac{\sin z}{z}$ 在 $z=0$ 就成为解析的了．

2．极点

定义 3　如果 $f(z)$ 的罗伦级数中只有有限多个 $z-z_0$ 的负幂项，且其中关于 $(z-z_0)^{-1}$ 的最高幂为 $(z-z_0)^{-m}$，即

$$f(z)=c_{-m}(z-z_0)^{-m}+\cdots+c_{-2}(z-z_0)^{-2}+c_{-1}(z-z_0)^{-1}+$$
$$c_0+c_1(z-z_0)+c_2(z-z_0)^2+\cdots+c_m(z-z_0)^m+\cdots$$
$$(m\geqslant 1, c_{-m}\neq 0),$$

那么孤立奇点 z_0 称为 $f(z)$ 的 m 级极点．上式也可写成

$$f(z)=\frac{1}{(z-z_0)^m}g(z), \tag{5.1}$$

其中　$g(z)=c_{-m}+c_{-m+1}(z-z_0)+c_{-m+2}(z-z_0)^2+\cdots$，在圆域 $|z-z_0|<\sigma$ 内是解析的函数，且 $g(z_0)\neq 0$．反过来，当任何一个函数 $f(z)$ 能表示为（5.1）的形式时，那么 z_0 就是 $f(z)$ 的 m 级极点．

如果 z_0 为 $f(z)$ 的极点，由（5.1）式，就有 $\lim\limits_{z\to z_0}|f(z)|=+\infty$ 或 $\lim\limits_{z\to z_0}f(z)=\infty$．

例如，对有理分式函数 $f(z)=\dfrac{1}{(z^2+1)(z-1)^3}$ 来说，$z=1$ 是它的三级极点，$z=\pm\mathrm{i}$ 都是它的一级极点．

3．本性奇点

定义 4　如果 $f(z)$ 的罗伦级数中含有无穷多个 $z-z_0$ 的负幂项，那么孤立奇点 z_0 称为 $f(z)$ 的本性奇点．

如果 z_0 称为 $f(z)$ 的本性奇点，那么极限 $\lim\limits_{z\to z_0}f(z)$ 既不存在也不为 ∞．

5.1.2　函数的零点与极点的关系

定义 5　不恒等于零的解析函数 $f(z)$ 如果能表示成 $f(z)=(z-z_0)^m\varphi(z)$，其中

$\varphi(z)$ 在 z_0 解析，并且 $\varphi(z_0)\neq 0$，m 为某正整数，那么 z_0 称为 $f(z)$ 的 m 级零点.

定理 1 （1）如果 z_0 是 $f(z)$ 的 m（$m>1$）级零点，则 z_0 是 $f'(z)$ 的 $m-1$ 级零点；

（2）如果 z_0 是 $f(z)$ 的 m 级极点，则 z_0 是 $\dfrac{1}{f(z)}$ 的 m 级零点，反过来也成立.

例 1 试求 $\dfrac{1}{\sin z}$ 的孤立奇点.

解 函数 $\dfrac{1}{\sin z}$ 的孤立奇点显然是使 $\sin z=0$ 的点，因为 $\sin z=0$，可得 $e^{iz}=e^{-iz}$ 或 $e^{2iz}=1=e^{2k\pi i}$，所以 $2iz=2k\pi i$，很明显 $z=k\pi$ 是 $\dfrac{1}{\sin z}$ 的孤立奇点，又由于

$$(\sin z)'\Big|_{z=k\pi}=\cos z\Big|_{z=k\pi}=(-1)^k\neq 0,$$

所以 $z=k\pi$ 都是 $\sin z$ 的一级零点，也就是 $\dfrac{1}{\sin z}$ 的一级极点.

例 2 试求 $\dfrac{e^z-1}{z^2}$ 的孤立奇点.

解 因为 $$\frac{e^z-1}{z^2}=\frac{1}{z^2}\left(\sum_{n=0}^{\infty}\frac{z^n}{n!}-1\right)=\frac{1}{z}+\frac{1}{2!}+\frac{z}{3!}+\cdots=\frac{1}{z}\varphi(z),$$
其中 $\varphi(z)$ 在 $z=0$ 解析，并且 $\varphi(0)\neq 0$.

$z=0$ 似乎是函数 $\dfrac{e^z-1}{z^2}$ 的二级极点，其实是一级极点.

由此可见，我们在求函数孤立奇点时，不能一看函数的表面形式就急于做出结论.

例 3 试求 $\dfrac{\operatorname{sh} z}{z^3}$ 的孤立奇点.

解 因为 $\dfrac{\operatorname{sh} z}{z^3}=\dfrac{e^z-e^{-z}}{2z^3}=\dfrac{1}{z^2}\varphi(z)$，其中 $\varphi(z)$ 在 $z=0$ 解析，并且 $\varphi(0)\neq 0$.

$z=0$ 好像是函数 $\dfrac{\operatorname{sh}z}{z^3}$ 的三级极点，其实是二级极点.

5.2 留数

5.2.1 留数的概念

如果函数 $f(z)$ 在 z_0 的邻域内解析，那么根据柯西—古萨定理，我们有

$$\oint_C f(z)\mathrm{d}z=0,$$

其中 C 为 z_0 邻域内的任意一条简单闭曲线.

但是，如果 z_0 为 $f(z)$ 的一个孤立奇点，那么沿在 z_0 的某个去心邻域 $0<|z-z_0|<R$ 内包含 z_0 的任意一条简单闭曲线 C 的积分，$\oint f(z)\mathrm{d}z=0$ 一般就不等于零，因此将函数 $f(z)$ 在此邻域内展开成罗伦级数

$$f(z)=\cdots+c_{-n}(z-z_0)^{-n}+\cdots+c_{-2}(z-z_0)^{-2}+c_{-1}(z-z_0)^{-1}$$
$$+c_0+c_1(z-z_0)+c_2(z-z_0)^2+\cdots+c_n(z-z_0)^n+\cdots$$

后，再对此展开式的两端沿 C 逐项积分，我们可得 $\oint_C f(z)\mathrm{d}z=c_{-1}2\pi\mathrm{i}$，我们把积分 $\dfrac{1}{2\pi\mathrm{i}}\oint_C f(z)\mathrm{d}z$ 的值称为函数 $f(z)$ 关于孤立奇点 z_0 的留数，记为 $\operatorname{Res}[f(z),z_0]$，即

$$\operatorname{Res}[f(z),z_0]=\frac{1}{2\pi\mathrm{i}}\oint_C f(z)\mathrm{d}z=c_{-1} \tag{5.2}$$

也就是说，函数 $f(z)$ 在 z_0 的留数就是在以 z_0 为中心的圆环域内罗伦级数中的负幂项 $c_{-1}(z-z_0)^{-1}$ 的系数.

5.2.2 留数定理

关于留数，有下面的基本定理

定理 2（**留数定理**） 设函数 $f(z)$ 在区域 D 内除有限个孤立奇点 $z_1,z_2,\cdots,z_n$ 处处解析. C 是 D 内包含诸奇点的任意一条正向简单闭曲线，则

$$\oint_C f(z)\mathrm{d}z=2\pi\mathrm{i}\sum_{k=1}^{n}\operatorname{Res}[f(z),z_k]. \tag{5.3}$$

为了证明这个定理，我们把 C 内的孤立奇点 $z_k(k=1,2,\cdots,n)$ 用互不相交又互不包含的正向简单闭曲线 C_k 围绕起来，如图 5.1 所示，由复合闭路定理，有

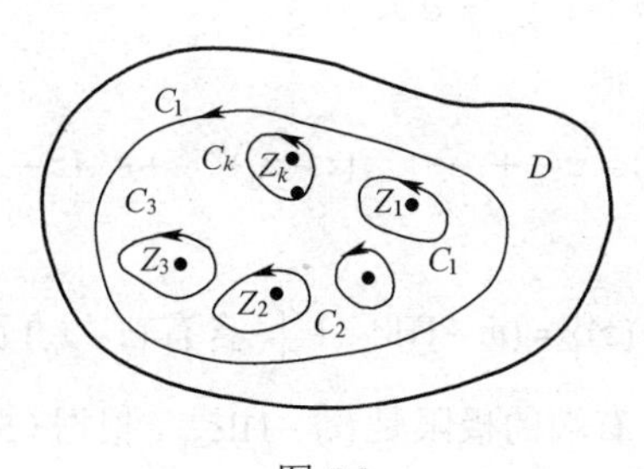

图 5.1

$$\oint_C f(z)\mathrm{d}z=\oint_{C_1} f(z)\mathrm{d}z+\oint_{C_2} f(z)\mathrm{d}z+\cdots+\oint_{C_n} f(z)\mathrm{d}z,$$

用 $2\pi\mathrm{i}$ 除等式两边，得

$$\frac{1}{2\pi i}\oint_C f(z)dz=\frac{1}{2\pi i}\oint_{C_1} f(z)dz+\frac{1}{2\pi i}\oint_{C_2} f(z)dz+\cdots+\frac{1}{2\pi i}\oint_{C_n} f(z)dz$$

$$=\text{Res}[f(z),z_1]+\cdots+\text{Res}[f(z),z_n]=\sum_{k=1}^{n}\text{Res}[f(z),z_k],$$

所以 $$\oint_C f(z)dz=2\pi i\sum_{k=1}^{n}\text{Res}[f(z),z_k].$$

利用这个定理，求沿封闭曲线 C 的积分，就转化为求被积函数在 C 中的各孤立奇点处的留数．一般说来，求函数在奇点 z_0 处的留数只须求出它在以 z_0 为中心的圆环域内罗伦级数中 $c_{-1}(z-z_0)^{-1}$ 项的系数 c_{-1} 就可以了．

如果事先知道奇点的类型，对求留数有时更为有利．

（1）如果 z_0 是 $f(z)$ 的可去奇点，那么 $\text{Res}[f(z),z_0]=0$，因为此时 $f(z)$ 在 z_0 的展开式是泰勒展开式，所以 $c_{-1}=0$；

（2）如果 z_0 是 $f(z)$ 的本性奇点，那就往往只能用 $f(z)$ 在 z_0 展开成罗伦级数的方法求 c_{-1}；

（3）如果 z_0 是 $f(z)$ 的极点，有以下三个计算留数 c_{-1} 的规则．

规则 1　如果 z_0 是 $f(z)$ 的一级极点，那么

$$\text{Res}[f(z),z_0]=\lim_{z\to z_0}(z-z_0)f(z)\,. \tag{5.4}$$

规则 2　如果 z_0 是 $f(z)$ 的 m 级极点，那么

$$\text{Res}[f(z),z_0]=\frac{1}{(m-1)!}\lim_{z\to z_0}\frac{d^{m-1}}{dz^{m-1}}\left\{(z-z_0)^m f(z)\right\}. \tag{5.5}$$

证　由于

$$f(z)=c_{-m}(z-z_0)^{-m}+\cdots+c_{-2}(z-z_0)^{-2}+c_{-1}(z-z_0)^{-1}$$
$$+c_0+c_1(z-z_0)+c_2(z-z_0)^2+\cdots+c_m(z-z_0)^m+\cdots$$
$$(m\geqslant 1,c_{-m}\neq 0),$$

用 $(z-z_0)^m$ 乘上式两端，得

$$(z-z_0)^m f(z)=c_{-m}+\cdots+c_{-2}(z-z_0)^{m-2}+c_{-1}(z-z_0)^{m-1}+\cdots,$$

两边求 $m-1$ 阶导数，得

$$\frac{d^{m-1}}{dz^{m-1}}\left\{(z-z_0)^m f(z)\right\}=(m-1)!c_{-1}+\left\{\text{ 含有 }(z-z_0)\text{ 正幂项的项 }\right\},$$

令 $z\to z_0$，两端求极限，右端的极限是 $(m-1)!c_{-1}$，根据（5.2），两端再除以 $(m-1)!$ 就是

$$\text{Res}[f(z),z_0]=c_{-1}=\frac{1}{(m-1)!}\lim_{z\to z_0}\frac{d^{m-1}}{dz^{m-1}}\left\{(z-z_0)^m f(z)\right\},$$

因此，结论（5.5）成立．

当 $m=1$ 时（5.5）就是（5.4）.

规则 3 设 $f(z)=\dfrac{P(z)}{Q(z)}$，$P(z)$ 及 $Q(z)$ 在 z_0 都解析，如果 $P(z_0)\neq 0$，$Q(z_0)=0$，$Q'(z_0)\neq 0$，那么 z_0 是 $f(z)$ 的一级极点，而

$$\operatorname{Res}[f(z),z_0]=\frac{P(z_0)}{Q'(z_0)}. \tag{5.6}$$

证 由于 $Q(z_0)=0$，$Q'(z_0)\neq 0$，所以 z_0 是 $Q(z)$ 的一级零点，从而 z_0 是 $\dfrac{1}{Q(z)}$ 的一级极点，因此，z_0 是 $f(z)$ 的一级极点，根据规则 1，有

$$\operatorname{Res}[f(z),z_0]=\lim_{z\to z_0}(z-z_0)f(z),$$

而 $Q(z_0)=0$，故 $(z-z_0)f(z)=\dfrac{P(z)}{\dfrac{Q(z)-Q(z_0)}{z-z_0}}$，

令 $z\to z_0$，上式两端取极限，即得

$$\operatorname{Res}[f(z),z_0]=\lim_{z\to z_0}(z-z_0)f(z)=\lim_{z\to z_0}\frac{P(z)}{\dfrac{Q(z)-Q(z_0)}{z-z_0}}=\frac{P(z_0)}{Q'(z_0)}.$$

例 4 计算积分 $\oint_C\dfrac{ze^z}{z^2-1}\mathrm{d}z$，$C$ 为正向圆周：$|z|=2$.

解 由于 $f(z)=\dfrac{ze^z}{z^2-1}$ 有两个一级极点 $+1$，-1. 而这两个一级极点都在正向圆周 $|z|=2$ 内，所以

$$\oint_C\frac{ze^z}{z^2-1}\mathrm{d}z=2\pi\mathrm{i}\{\operatorname{Res}[f(z),1]+\operatorname{Res}[f(z),-1]\}.$$

根据规则 1，有 $\operatorname{Res}[f(z),1]=\lim\limits_{z\to 1}(z-1)\dfrac{ze^z}{z^2-1}=\lim\limits_{z\to 1}\dfrac{ze^z}{z+1}=\dfrac{\mathrm{e}}{2}$，

同理 $\operatorname{Res}[f(z),-1]=\lim\limits_{z\to -1}(z+1)\dfrac{ze^z}{z^2-1}=\lim\limits_{z\to -1}\dfrac{ze^z}{z-1}=\dfrac{\mathrm{e}^{-1}}{2}$，

因此 $\oint_C\dfrac{ze^z}{z^2-1}\mathrm{d}z=2\pi\mathrm{i}\left(\dfrac{\mathrm{e}}{2}+\dfrac{\mathrm{e}^{-1}}{2}\right)=2\pi\mathrm{i}\,\mathrm{ch}1$.

例 4 我们也可用规则 3 来求留数.

解 $\operatorname{Res}[f(z),1]=\left.\dfrac{ze^z}{(z^2-1)'}\right|_{z=1}=\left.\dfrac{ze^z}{2z}\right|_{z=1}=\dfrac{\mathrm{e}}{2}$，

$\operatorname{Res}[f(z),-1]=\left.\dfrac{ze^z}{(z^2-1)'}\right|_{z=-1}=\left.\dfrac{ze^z}{2z}\right|_{z=-1}=\dfrac{\mathrm{e}^{-1}}{2}$.

例 5 计算积分$\oint_C \frac{z}{z^4-1}\mathrm{d}z$，$C$ 为正向圆周：$|z|=2$．

解 由于$f(z)=\frac{z}{z^4-1}$有 4 个一级极点±1，$\pm\mathrm{i}$，而这 4 个一级极点都在正向圆周：$|z|=2$ 内，所以

$$\oint_C \frac{z}{z^4-1}\mathrm{d}z=2\pi\mathrm{i}\{\mathrm{Res}[f(z),1]+\mathrm{Res}[f(z),-1]+\mathrm{Res}[f(z),\mathrm{i}]+\mathrm{Res}[f(z),-\mathrm{i}]\}.$$

根据规则 3，有

$$\frac{P(z)}{Q'(z)}=\frac{z}{(z^4-1)'}=\frac{z}{4z^3}=\frac{1}{4z^2},$$

$$\mathrm{Res}[f(z),1]=\frac{P(1)}{Q'(1)}=\left.\frac{1}{4z^2}\right|_{z=1}=\frac{1}{4},$$

$$\mathrm{Res}[f(z),-1]=\left.\frac{1}{4z^2}\right|_{z=-1}=\frac{1}{4},$$

$$\mathrm{Res}[f(z),\mathrm{i}]=\frac{P(\mathrm{i})}{Q'(\mathrm{i})}=\left.\frac{1}{4z^2}\right|_{z=\mathrm{i}}=-\frac{1}{4},$$

$$\mathrm{Res}[f(z),-\mathrm{i}]=\left.\frac{1}{4z^2}\right|_{z=-\mathrm{i}}=-\frac{1}{4},$$

$$\oint_C \frac{z}{z^4-1}\mathrm{d}z=2\pi\mathrm{i}\left\{\frac{1}{4}+\frac{1}{4}-\frac{1}{4}-\frac{1}{4}\right\}=0.$$

例 6 计算积分$\oint_C \frac{\mathrm{e}^z}{z(z-1)^2}\mathrm{d}z$，$C$ 为正向圆周：$|z|=2$．

解 $z=0$ 为被积函数的一级极点，$z=1$ 为被积函数的二级极点，而这两个极点都在正向圆周：$|z|=2$ 内，所以

$$\mathrm{Res}[f(z),0]=\lim_{z\to0}(z-0)\frac{\mathrm{e}^z}{z(z-1)^2}=\lim_{z\to0}\frac{\mathrm{e}^z}{(z-1)^2}=1,$$

$$\mathrm{Res}[f(z),1]=\frac{1}{(2-1)!}\lim_{z\to1}\frac{\mathrm{d}}{\mathrm{d}z}\left[(z-1)^2\frac{\mathrm{e}^z}{z(z-1)^2}\right]$$

$$=\lim_{z\to1}\frac{\mathrm{d}}{\mathrm{d}z}\left(\frac{\mathrm{e}^z}{z}\right)=\lim_{z\to1}\frac{\mathrm{e}^z(z-1)}{z^2}=0,$$

所以

$$\oint_C \frac{\mathrm{e}^z}{z(z-1)^2}\mathrm{d}z=2\pi\mathrm{i}\{\mathrm{Res}[f(z),0]+\mathrm{Res}[f(z),1]\}=2\pi\mathrm{i}(1+0)=2\pi\mathrm{i}.$$

使用规则 3 时，如果函数 $f(z)$ 在极点 z_0 的级数比 m 低，公式依然有效.

例 7 求$f(z)=\frac{z-\sin z}{z^6}$在 $z=0$ 处的留数.

解 $z=0$ 实际为 $f(z)=\dfrac{z-\sin z}{z^6}$ 的三级极点，但取 $m=6$ 应用规则 3 更简单.

$$\begin{aligned}\mathrm{Re}s\left[\frac{z-\sin z}{z^6},0\right]&=\frac{1}{(6-1)!}\lim_{z\to 0}\frac{\mathrm{d}^5}{\mathrm{d}z^5}\left[z^6\,\frac{z-\sin z}{z^6}\right]\\&=\frac{1}{5!}\lim_{z\to 0}(z-\sin z)^{(5)}=\frac{1}{5!}\lim_{z\to 0}(-\cos z)\\&=-\frac{1}{5!}.\end{aligned}$$

5.2.3* 在无穷远点的留数

如果函数 $f(z)$ 在圆环域 $R<|z|<+\infty$ 内解析，C 为这圆环域 $R<|z|<+\infty$ 内绕原点的任何一条正向简单闭曲线，则积分 $\dfrac{1}{2\pi\mathrm{i}}\oint_C f(z)\mathrm{d}z$ 的值与 C 无关，我们定义此积分值为 $f(z)$ 在 ∞ 点的留数，记作

$$\mathrm{Re}s\left[f(z),\infty\right]=\frac{1}{2\pi\mathrm{i}}\oint_{C^{-1}}f(z)\,\mathrm{d}z\,, \tag{5.7}$$

这里积分路线的方向是负的，即取顺时针方向.

因为 $\dfrac{1}{2\pi\mathrm{i}}\oint_C f(z)\mathrm{d}z=c_{-1}$，再由（5.7）

$$\mathrm{Re}s\left[f(z),\infty\right]=\frac{1}{2\pi\mathrm{i}}\oint_{C^{-1}}f(z)\,\mathrm{d}z=-\frac{1}{2\pi\mathrm{i}}\oint_C f(z)\mathrm{d}z=-c_{-1}\,,$$

即

$$\mathrm{Re}s\left[f(z),\infty\right]=-c_{-1}\,. \tag{5.8}$$

定理 3 如果函数 $f(z)$ 在扩充复平面内只有有限个孤立奇点，那么 $f(z)$ 在所有各奇点（包括 ∞ 点）的留数的总和等于零，即

$$\mathrm{Re}s\left[f(z),\infty\right]+\sum_{k=1}^{n}\mathrm{Re}s\left[f(z),z_k\right]=\frac{1}{2\pi\mathrm{i}}\oint_{C^{-1}}f(z)\,\mathrm{d}z+\frac{1}{2\pi\mathrm{i}}\oint_C f(z)\,\mathrm{d}z=0.$$

关于在无穷远点的留数的计算，我们有以下的规则：

规则 4 $$\mathrm{Re}s\left[f(z),\infty\right]=-\mathrm{Re}s\left[f\left(\frac{1}{z}\right)\frac{1}{z^2},0\right]. \tag{5.9}$$

例 8 计算积分 $\oint_C\dfrac{z}{z^4-1}\mathrm{d}z$，$C$ 为正向圆周：$|z|=2$.

解 由于 $f(z)=\dfrac{z}{z^4-1}$ 在正向圆周：$|z|=2$ 的外部除 ∞ 点外没有其他奇点. 由定理 2 及规则 4

$$\oint_C \frac{z}{z^4-1}\mathrm{d}z = -2\pi\mathrm{i}\{\mathrm{Res}[f(z),\infty]\} = 2\pi\mathrm{i}\,\mathrm{Res}\left[f\left(\frac{1}{z}\right)\frac{1}{z^2},0\right]$$

$$= 2\pi\mathrm{i}\,\mathrm{Res}\left[\frac{z}{z^4-1},0\right] = 0 .$$

例 9 计算积分 $\oint_C \frac{\mathrm{d}z}{(z+\mathrm{i})^{10}(z-1)(z-3)}$，$C$ 为正向圆周：$|z|=2$.

解 除 ∞ 点外，被积函数的奇点还有 $-\mathrm{i},1,3$. 由定理 2，有

$$\mathrm{Res}[f(z),-\mathrm{i}]+\mathrm{Res}[f(z),1]+\mathrm{Res}[f(z),3]+\mathrm{Res}[f(z),\infty]=0,$$

其中 $$f(z)=\frac{1}{(z+\mathrm{i})^{10}(z-1)(z-3)} .$$

由于 $-\mathrm{i}$ 与 1 在 C 的内部，所以由上式，留数定理及规则 4 可得

$$\oint_C \frac{\mathrm{d}z}{(z+i)^{10}(z-1)(z-3)} = 2\pi\mathrm{i}\,\mathrm{Res}[f(z),-\mathrm{i}]+2\pi\mathrm{i}\,\mathrm{Res}[f(z),1]$$

$$= -2\pi\mathrm{i}\{\mathrm{Res}[f(z),3]+\mathrm{Res}[f(z),\infty]\}$$

$$= -2\pi\mathrm{i}\left\{\frac{1}{2(3+\mathrm{i})^{10}}+0\right\} = \frac{-\pi\mathrm{i}}{(3+\mathrm{i})^{10}}.$$

5.2.4* 留数在定积分计算上的应用

复变函数在稳定平面流场和静电场以及在工程技术上都有许多应用，由于涉及到许多专业知识，因此我们在此只简述一点留数在定积分计算上的应用.

在数学以及实际问题中往往要求出一些定积分的值，而这些定积分中，被积函数的原函数不能用初等函数的有限形式表示出来；有时即便可求出原函数，计算也往往比较复杂.

利用留数定理，来计算这些类型的定积分，只需计算这些解析函数在孤立奇点处的留数；这样一来就把问题大大简化了.

（1）形如
$$I=\int_0^{2\pi} R(\cos\theta,\sin\theta)\mathrm{d}\theta \qquad (5.10)$$

的积分，其中 $R(x,y)$ 为有理函数，并且在圆周 $x^2+y^2=1$ 上分母不为零.

令 $z=\mathrm{e}^{\mathrm{i}\theta}$，那么 $\mathrm{d}z=\mathrm{i}\mathrm{e}^{\mathrm{i}\theta}\mathrm{d}\theta$.

$$\sin\theta=\frac{1}{2\mathrm{i}}(\mathrm{e}^{\mathrm{i}\theta}-\mathrm{e}^{-\mathrm{i}\theta})=\frac{z^2-1}{2\mathrm{i}z}，\quad \cos\theta=\frac{1}{2}(\mathrm{e}^{\mathrm{i}\theta}+\mathrm{e}^{-\mathrm{i}\theta})=\frac{z^2+1}{2z} ,$$

代入（5.10）得

$$I=\int_0^{2\pi} R(\cos\theta,\sin\theta)\mathrm{d}\theta=\oint_{|z|=1} R\left[\frac{z^2+1}{2z},\frac{z^2-1}{2\mathrm{i}z}\right]\frac{\mathrm{d}z}{\mathrm{i}z}=\oint_{|z|=1} f(z)\mathrm{d}z$$

$$=2\pi i\sum_{k=1}^{n}\mathrm{Re}s\left[f(z),z_k\right]. \tag{5.11}$$

这里 $f(z)$ 为 z 的有理函数，其中 $z_k(k=1,2,\cdots,n)$ 为包含在单位圆周 $|z|=1$ 内的 $f(z)$ 的孤立奇点.

例 10 计算 $I=\int_0^{2\pi}\frac{d\theta}{a+\sin\theta}$ （$a>1$).

解 令 $z=e^{i\theta}$，那么 $\sin\theta=\frac{1}{2i}\left(z-\frac{1}{z}\right)$，$d\theta=\frac{dz}{iz}$，而且当 θ 从 0 增加到 2π 时，z 按反时针方向绕圆一周，因此

$$I=\int_0^{2\pi}\frac{d\theta}{a+\sin\theta}=\oint_C\frac{2}{z^2+2iaz-1}dz.$$

$\frac{2}{z^2+2iaz-1}$ 有两个极点：$z_1=-ia+i\sqrt{a^2-1}$ 及 $z_2=-ia-i\sqrt{a^2-1}$，显然 $|z_1|<1$，$|z_2|>1$，因此 $\frac{2}{z^2+2iaz-1}$ 在 $|z|<1$ 内只有一个极点 z_1.

由（5.11）可得

$$I=\int_0^{2\pi}\frac{d\theta}{a+\sin\theta}=\oint_C\frac{2}{z^2+2iaz-1}dz=2\pi i\mathrm{Re}s\left[\frac{2}{z^2+2iaz-1},z_1\right]$$

$$=2\pi i\frac{1}{i\sqrt{a^2-1}}=\frac{2\pi}{\sqrt{a^2-1}}.$$

（2）形如

$$I=\int_{-\infty}^{+\infty}R(x)dx \tag{5.12}$$

的积分，其中 $R(x)$ 是 x 的有理函数，而分母的次数比分子的次数至少高两次，并且 $R(z)$ 在实轴上无孤立奇点．类似于 1．我们有以下公式

$$I=\int_{-\infty}^{+\infty}R(x)dx=2\pi i\sum_{k=1}^{n}\mathrm{Re}s[R(z),z_k]. \tag{5.13}$$

例 11 计算积分 $I=\int_0^{+\infty}\frac{dx}{(1+x^2)^2}$.

解 由于 $\frac{1}{(1+x^2)^2}$ 为偶函数，所以有

$$I=\int_{-\infty}^{+\infty}\frac{dx}{(1+x^2)^2}=\frac{1}{2}\int_{-\infty}^{+\infty}\frac{dx}{(1+x^2)^2},$$

而函数 $R(z)=\frac{1}{(1+z^2)^2}$ 有两个二级极点，在上半平面的一个是 $z=i$，由公式（5.13）得

$$I=\int_{-\infty}^{+\infty}\frac{\mathrm{d}x}{(1+x^2)^2}=\frac{1}{2}\int_{-\infty}^{+\infty}\frac{\mathrm{d}x}{(1+x^2)^2}=\frac{1}{2}2\pi\mathrm{i}\,\mathrm{Res}\left[\frac{1}{(1+z^2)^2},\mathrm{i}\right]=\pi\mathrm{i}\frac{1}{4\mathrm{i}}=\frac{\pi}{4}.$$

（3）形如
$$I=\int_{-\infty}^{+\infty}R(x)\mathrm{e}^{aix}\mathrm{d}x\quad(a>0)\tag{5.14}$$
的积分，其中 $R(x)$ 是 x 的有理函数，而分母的次数比分子的次数至少高一次，并且 $R(z)$ 在实轴上无孤立奇点．类似于 1．我们有以下公式
$$I=\int_{-\infty}^{+\infty}R(x)\mathrm{e}^{aix}\mathrm{d}x=2\pi\mathrm{i}\sum_{k=1}^{n}\mathrm{Res}\left[R(z)\mathrm{e}^{aiz},z_k\right]\tag{5.15}$$
其中 z_k 为 $R(z)$ 所有在上半平面内的极点．

例 12 计算积分 $I=\int_{-\infty}^{+\infty}\frac{\cos x}{x^2+a^2}\mathrm{d}x$（$a>0$）．

解 考虑积分
$$\int_{-\infty}^{+\infty}\frac{\mathrm{e}^{\mathrm{i}x}}{x^2+a^2}\mathrm{d}x=\int_{-\infty}^{+\infty}\frac{\cos x}{x^2+a^2}\mathrm{d}x+\mathrm{i}\int_{-\infty}^{+\infty}\frac{\sin x}{x^2+a^2}\mathrm{d}x\quad(a>0),$$
函数 $R(z)=\frac{1}{z^2+a^2}$ 在上半平面内只有一个一级极点 $a\mathrm{i}$，而
$$\sum_{k=1}^{n}\mathrm{Res}\left[R(z)\mathrm{e}^{\mathrm{i}z},a\mathrm{i}\right]=\sum_{k=1}^{n}\mathrm{Res}\left[\frac{1}{z^2+a^2}\mathrm{e}^{\mathrm{i}z},a\mathrm{i}\right]=\lim_{z\to a\mathrm{i}}\left[(z-a\mathrm{i})\frac{\mathrm{e}^{\mathrm{i}z}}{z^2+a^2}\right]=\frac{\mathrm{e}^{-a}}{2a\mathrm{i}}.$$

由式（5.15）得
$$\int_{-\infty}^{+\infty}\frac{\mathrm{e}^{\mathrm{i}x}}{x^2+a^2}\mathrm{d}x=2\pi\mathrm{i}\frac{\mathrm{e}^{-a}}{2a\mathrm{i}}=\frac{\pi\mathrm{e}^{-a}}{a},$$
由上面结论可得
$$\int_{-\infty}^{+\infty}\frac{\cos x}{x^2+a^2}\mathrm{d}x=\frac{\pi\mathrm{e}^{-a}}{a},$$
同时还可得
$$\int_{-\infty}^{+\infty}\frac{\sin x}{x^2+a^2}\mathrm{d}x=0.$$

本章小结

本章主要有以下内容：

1．孤立奇点的概念；

2．可去奇点、本性奇点、极点的求法；

3．留数的求法 $\mathrm{Res}\left[f(z),z_0\right]=\frac{1}{2\pi\mathrm{i}}\oint_C f(z)\mathrm{d}z=c_{-1}$，

也就是说，函数 $f(z)$ 在 z_0 的留数就是在以 z_0 为中心的圆环域内罗伦级数中的负幂项 $c_{-1}(z-z_0)^{-1}$ 的系数；

4．留数定理 $\oint_C f(z)\mathrm{d}z=2\pi\mathrm{i}\sum_{k=1}^{n}\mathrm{Res}\left[f(z),z_k\right]$；

5．无穷远点的留数 $\mathrm{Res}[f(z),\infty]=\dfrac{1}{2\pi i}\oint_{C^{-1}}f(z)\,\mathrm{d}z=-\dfrac{1}{2\pi i}\oint_{C}f(z)\,\mathrm{d}z=-c_{-1}$；

6．如果函数 $f(z)$ 在扩充复平面内只有有限个孤立奇点，那么 $f(z)$ 在所有各奇点（包括 ∞ 点）的留数的总和等于零，即

$$\mathrm{Res}[f(z),\infty]+\sum_{k=1}^{n}\mathrm{Res}[f(z),z_k]=\frac{1}{2\pi i}\oint_{C^{-1}}f(z)\,\mathrm{d}z+\frac{1}{2\pi i}\oint_{C}f(z)\,\mathrm{d}z=0\text{；}$$

7．关于在无穷远点的留数的计算规则：

$$\mathrm{Res}[f(z),\infty]=-\mathrm{Res}\left[f\left(\frac{1}{z}\right)\frac{1}{z^2},0\right]\text{；}$$

8．留数的一些应用．

习题 5

1．下列函数有些什么奇点？如果是极点，指出它的级：

（1）$\dfrac{1}{z(z^2+1)^2}$；　（2）$\dfrac{\sin z}{z^3}$；

（3）$\dfrac{1}{z^3-z^2-z+1}$；　（4）$\dfrac{1}{\sin z}$；

（5）$\dfrac{1}{z(\mathrm{e}^z-1)}$；　（6）$\dfrac{\sin z}{z}$；

（7）$\mathrm{e}^{\frac{1}{z-1}}$；　（8）$\dfrac{1}{\sin z^2}$．

2．求下列函数在有限奇点处的留数：

（1）$\dfrac{z+1}{z^2-2z}$；　（2）$\dfrac{1-\mathrm{e}^{2z}}{z^4}$；

（3）$\dfrac{1+z^4}{(z^2+1)^3}$；　（4）$\dfrac{1-\cos z}{z^2}$；

（5）$\dfrac{z\mathrm{e}^z}{z^2-1}$；　（6）$\dfrac{z}{\cos z}$；

（7）$\dfrac{2}{z\sin z}$；　（8）$\cos\dfrac{1}{1-z}$．

3．利用留数计算下列沿正向圆周的积分：

（1）$\displaystyle\oint_{|z|=\frac{3}{2}}\frac{\sin z}{z}\mathrm{d}z$；　（2）$\displaystyle\oint_{|z|=2}\frac{\mathrm{e}^{2z}}{(z-1)^2}\mathrm{d}z$；

（3）$\displaystyle\oint_{|z|=\frac{1}{2}}\frac{\ln(1+z)}{z}\mathrm{d}z$；　（4）$\displaystyle\oint_{|z|=3}\frac{z}{z^2-1}\mathrm{d}z$；

（5）$\oint\limits_{|z|=\frac{1}{3}} \sin\frac{2}{z}\mathrm{d}z$；　（6）$\oint\limits_{|z|=3} \tan z\mathrm{d}z$．

4*．求 $\mathrm{Res}\left[f(z),\infty\right]$ 的值：$f(z)=\dfrac{\mathrm{e}^z}{z^2-1}$．

5*．计算下列积分，$\oint_C \dfrac{z^{15}}{(z^2+1)^2(z^4+2)^3}\mathrm{d}z$，$C:|z|=3$；$C$ 为正向圆周．

6*．计算下列积分：

（1）$\int_0^{2\pi}\dfrac{1}{5+3\sin\theta}\mathrm{d}\theta$；　（2）$\int_{-\infty}^{+\infty}\dfrac{\cos x}{x^2+4x+5}\mathrm{d}x$．

自测题 5

1．函数 $f(z)=\dfrac{\ln(z+1)}{z}$ 有些什么奇点？如果是极点，指出它们的级．（10 分）

2．求函数 $f(z)=z^2\sin\dfrac{1}{z}$ 在有限奇点处的留数．（10 分）

3．求函数 $f(z)=\dfrac{z}{\cos z}$ 在有限奇点处的留数．（10 分）

4．沿指定曲线的正向计算下列各积分：

（1）$\oint_C \dfrac{\mathrm{e}^z}{z-2}\mathrm{d}z$，$C:|z-2|=1$；（10 分）

（2）$\oint_C \dfrac{1}{z^2-a^2}\mathrm{d}z$，$C:|z-a|=a$；（10 分）

（3）$\oint_C \dfrac{\mathrm{e}^{\mathrm{i}z}}{z^2+1}\mathrm{d}z$，$C:|z-2\mathrm{i}|=\dfrac{3}{2}$．（10 分）

5．计算积分 $\oint_C \dfrac{2\mathrm{i}}{z^2+1}\mathrm{d}z$：其中 $C:|z-1|=6$ 为正向．（10 分）

6．函数 $f(z)=\dfrac{\ln(z+1)}{z^3}$ 有些什么奇点？如果是极点，指出它的级．（10 分）

7．利用留数计算沿正向圆周的积分 $\oint\limits_{|z|=3} \tan\pi z\,\mathrm{d}z$．（10 分）

8．设 C 为正向圆周 $|z-1|=3$，计算积分 $I=\oint_C \dfrac{\mathrm{e}^z}{z(z-2)^2}\mathrm{d}z$．（10 分）

第二篇　积分变换

积分变换简介

在数学中，经常利用某种运算先把复杂问题变换为比较简单的问题，然后求解，由此再求逆运算就可得到原问题的解．如代数中的对数运算，解析几何中的坐标变换和复变函数中的保角变换等都属于这种情况．积分变换也是基于这种思想来解决有关问题的一种重要工具．

所谓对函数 $f(P)$ 进行某种积分变换是指对它进行某种含参变量的积分运算，将它变换为一个以此参变量为自变量的函数，若把其中的参变量记为 α，则此积分变换通常可表示为

$$F(\alpha)=\int_D f(P)K(P,\alpha)\mathrm{d}P,$$

其中函数 $K(P,\alpha)$ 可因积分变换类型不同而不同，称为积分变换的核；D 是给定的积分区域，当积分变量是实变量时，它就是积分区间．目前已经选定某些函数为 $K(P,\alpha)$ 和积分区域 D 来定义不同名称的积分变换．本书只介绍其中最常用的两种积分变换——傅里叶（Fourier）变换和拉普拉斯（Laplace）变换．

积分变换的理论和方法不仅在许多数学分支中，而且在自然科学的许多领域中和工程技术中都有广泛的应用．如在无线电技术中，当我们需要设计一个符合要求的放大器时，往往要利用傅里叶变换来对信号进行频谱分析．又如在控制理论中，需要通过拉普拉斯变换来分析系统的传递特征．

第 6 章　傅里叶变换

本章学习目标

- 理解主值意义下的广义积分
- 了解傅里叶积分存在定理
- 理解傅里叶变换和逆变换的定义
- 会利用傅里叶变换和逆变换求某些含参变量的广义积分
- 掌握常见函数的傅里叶变换和逆变换
- 掌握傅里叶变换的性质

6.1　傅里叶积分

6.1.1　主值意义下的广义积分

定义 1　设函数 $f(t)$ 在实轴的任何有限区间上都可积．若极限 $\lim\limits_{R\to+\infty}\int_{-R}^{R} f(t)\mathrm{d}t$ 存在，则称在主值意义下 $f(t)$ 在区间 $(-\infty,+\infty)$ 上的广义积分收敛，记为

$$P.V.\int_{-\infty}^{+\infty} f(t)\mathrm{d}t=\lim_{R\to+\infty}\int_{-R}^{R} f(t)\mathrm{d}t\,.$$

本章中的广义积分均指主值意义下．为方便起见，直接记作 $\int_{-\infty}^{+\infty} f(t)\mathrm{d}t$ ．对这种积分，定积分的性质都成立，也可用 Newton-Leibniz 公式，换元和分部等各种积分方法计算其积分值．

若 $f(t)=u(t)+\mathrm{j}v(t)$ （j为虚数单位，工程中和电学中用j表示虚数单位)，则

$$\int_{-\infty}^{+\infty} f(t)\mathrm{d}t=\int_{-\infty}^{+\infty} u(t)\mathrm{d}t+\mathrm{j}\int_{-\infty}^{+\infty} v(t)\mathrm{d}t\,.$$

例 1　计算 $\int_{-\infty}^{+\infty}\mathrm{e}^{-(\beta+\mathrm{j}\omega)|t|}\mathrm{d}t$ （$\beta>0$, ω 为实常数)．

解　$\int_{-\infty}^{+\infty}\mathrm{e}^{-(\beta+\mathrm{j}\omega)|t|}\mathrm{d}t=2\int_{0}^{+\infty}\mathrm{e}^{-(\beta+\mathrm{j}\omega)t}\mathrm{d}t$

$$=\frac{-2}{\beta+\mathrm{j}\omega}\mathrm{e}^{-(\beta+\mathrm{j}\omega)t}\Big|_{0}^{+\infty}=\frac{2}{\beta+\mathrm{j}\omega}\,.$$

这类含参变量的广义积分在实际中经常遇到．如我们可以证明

$$\int_{-\infty}^{+\infty} e^{-\sigma t^2}\cos\alpha t\mathrm{d}t=\sqrt{\frac{\pi}{\sigma}}e^{-\alpha^2/(4\sigma)}\quad(\sigma>0,\ \alpha\text{ 为实数}),$$

令 $\alpha=0$，$\sigma=\dfrac{1}{2}$，则

$$\int_{-\infty}^{+\infty} e^{-t^2/2}\mathrm{d}t=\sqrt{2\pi},$$

此为著名的高斯（Gauss）积分，以后会经常用到．

例 2 设 $f(t)=e^{-\beta t^2}\quad(-\infty<t<+\infty)$，$(\beta>0)$，计算积分

$$F(\omega)=\int_{-\infty}^{+\infty} f(t)e^{-j\omega t}\mathrm{d}t \text{ 和 } \frac{1}{2\pi}\int_{-\infty}^{+\infty}F(\omega)e^{j\omega t}\mathrm{d}\omega .$$

解

$$\begin{aligned}F(\omega)&=\int_{-\infty}^{+\infty} f(t)e^{-j\omega t}\mathrm{d}t\\&=\int_{-\infty}^{+\infty} e^{-\beta t^2}(\cos\omega t-j\sin\omega t)\mathrm{d}t\\&=2\int_{0}^{+\infty} e^{-\beta t^2}\cos\omega t\mathrm{d}t=\sqrt{\frac{\pi}{\beta}}e^{-\omega^2/(4\beta)}\quad(-\infty<\omega<+\infty),\end{aligned}$$

$$\begin{aligned}\frac{1}{2\pi}\int_{-\infty}^{+\infty}F(\omega)e^{j\omega t}\mathrm{d}\omega&=\frac{1}{2\pi}\sqrt{\frac{\pi}{\beta}}\int_{-\infty}^{+\infty}e^{-\omega^2/(4\beta)}e^{j\omega t}\mathrm{d}\omega\\&=\frac{1}{2\pi}\sqrt{\frac{\pi}{\beta}}\int_{-\infty}^{+\infty}e^{-\omega^2/(4\beta)}\cos\omega t\mathrm{d}\omega\\&=\frac{1}{2\pi}\sqrt{\frac{\pi}{\beta}}\sqrt{4\pi\beta}e^{-t^2/(\beta^{-1})}=e^{-\beta t^2}.\\&=f(t)\quad(-\infty<t<+\infty).\end{aligned}$$

从该例可以看出，函数 $f(t)$ 和 $F(\omega)$ 存在如下关系：

$$F(\omega)=\int_{-\infty}^{+\infty} f(t)e^{-j\omega t}\mathrm{d}t,$$

$$f(t)=\frac{1}{2\pi}\int_{-\infty}^{+\infty}F(\omega)e^{j\omega t}\mathrm{d}\omega,$$

合并得

$$f(t)=\frac{1}{2\pi}\int_{-\infty}^{+\infty}\left[\int_{-\infty}^{+\infty}f(\tau)e^{-j\omega\tau}\mathrm{d}\tau\right]e^{j\omega t}\mathrm{d}\omega .$$

该式称为函数 $f(t)$ 的复指数形式的傅里叶积分公式（简称傅氏积分公式），而等号右端的积分式称为 $f(t)$ 的傅里叶积分（简称傅氏积分）．我们自然会问函数 $f(t)$ 在什么条件下满足上述关系式？在什么条件下，$f(t)$ 确实可用傅氏积分来表示呢？

6.1.2 傅氏积分存在定理

1. 傅氏积分存在定理

若 $f(t)$ 在任何有限区间上满足狄氏条件（即函数在任何有限区间上满足：①连续或只有有限个第一类间断点；②至多有有限个极值点），并且在 $(-\infty,+\infty)$ 上绝对可积（即积分 $\int_{-\infty}^{+\infty}|f(t)|\mathrm{d}t$ 存在），则有

$$\frac{1}{2\pi}\int_{-\infty}^{+\infty}\left[\int_{-\infty}^{+\infty}f(\tau)\mathrm{e}^{-\mathrm{j}\omega\tau}\mathrm{d}\tau\right]\mathrm{e}^{\mathrm{j}\omega t}\mathrm{d}\omega=\begin{cases}f(t), & \text{当 } t \text{ 为连续点,}\\ \dfrac{f(t+0)+f(t-0)}{2}, & \text{当 } t \text{ 为间断点.}\end{cases}$$

由于证明需要用到更多的数学知识，超出本书范围，在此不再证明.

2. 傅里叶积分公式的三角表示式

利用欧拉公式还可将傅里叶积分公式化成三角形式. 因为

$$\begin{aligned}f(t)&=\frac{1}{2\pi}\int_{-\infty}^{+\infty}\left[\int_{-\infty}^{+\infty}f(\tau)\mathrm{e}^{-\mathrm{j}\omega\tau}\mathrm{d}\tau\right]\mathrm{e}^{\mathrm{j}\omega t}\mathrm{d}\omega\\&=\frac{1}{2\pi}\int_{-\infty}^{+\infty}\left[\int_{-\infty}^{+\infty}f(\tau)\mathrm{e}^{\mathrm{j}\omega(t-\tau)}\mathrm{d}\tau\right]\mathrm{d}\omega\\&=\frac{1}{2\pi}\int_{-\infty}^{+\infty}\left[\int_{-\infty}^{+\infty}f(\tau)\cos\omega(t-\tau)\mathrm{d}\tau+\mathrm{j}\int_{-\infty}^{+\infty}f(\tau)\sin\omega(t-\tau)\mathrm{d}\tau\right]\mathrm{d}\omega,\end{aligned}$$

考虑到积分 $\int_{-\infty}^{+\infty}f(\tau)\sin\omega(t-\tau)\mathrm{d}\tau$ 是 ω 的奇函数，积分 $\int_{-\infty}^{+\infty}f(\tau)\cos\omega(t-\tau)\mathrm{d}\tau$ 是 ω 的偶函数，所以 $f(t)$ 还可以写成

$$f(t)=\frac{1}{\pi}\int_{0}^{+\infty}\left[\int_{-\infty}^{+\infty}f(\tau)\cos\omega(t-\tau)\mathrm{d}\tau\right]\mathrm{d}\omega.$$

这就是 $f(t)$ 的傅氏积分公式的三角表示式，稍加改变，还可以得到其他形式，这里略. 请参阅其他参考书.

6.2 傅里叶变换与频谱

6.2.1 傅里叶变换的概念

在本节中，我们将定义傅里叶变换及其逆变换，并求出工程技术中几个常用函数的傅里叶变换. 最后再简单地介绍傅里叶变换的物理意义——频谱.

由上一节内容我们已经知道，若函数 $f(t)$ 满足傅氏积分存在定理中的条件，则在 $f(t)$ 的连续点处，便有

$$f(t)=\frac{1}{2\pi}\int_{-\infty}^{+\infty}\left[\int_{-\infty}^{+\infty}f(\tau)\mathrm{e}^{-\mathrm{j}\omega\tau}\right]\mathrm{e}^{\mathrm{j}\omega t}\mathrm{d}\omega$$

成立．从上式出发，设

$$F(\omega)=\int_{-\infty}^{+\infty}f(t)\mathrm{e}^{-\mathrm{j}\omega t}\mathrm{d}t\text{，}\ \omega\in(-\infty,+\infty)\text{，}\tag{6.1}$$

则

$$f(t)=\frac{1}{2\pi}\int_{-\infty}^{+\infty}F(\omega)\mathrm{e}^{\mathrm{j}\omega t}\mathrm{d}\omega\ .\tag{6.2}$$

从上面两式可以看出，$f(t)$ 和 $F(\omega)$ 通过指定的积分运算可以相互表达，式（6.1）叫做 $f(t)$ 的傅氏变换式，可记做

$$F(\omega)=\mathscr{F}[f(t)]\ .$$

$F(\omega)$ 叫做 $f(t)$ 的傅氏变换，也叫做 $f(t)$ 的象函数，式（6.2）叫做 $F(\omega)$ 的傅氏逆变换式，也叫做 $f(t)$ 的傅氏积分表达式，可记做

$$f(t)=\mathscr{F}^{-1}[F(\omega)]\ .$$

$f(t)$ 叫做 $F(\omega)$ 的傅氏逆变换，也叫做 $F(\omega)$ 的象原函数．

（6.1）式右端的积分运算，叫做取 $f(t)$ 的傅氏变换，同样式（6.2）右端的积分运算叫做取 $F(\omega)$ 的傅氏逆变换．象函数 $F(\omega)$ 和象原函数 $f(t)$ 正好构成了一个傅氏变换对，即它们是一一对应的．

例 3　求函数 $f(t)=\begin{cases}1, & |t|<c,\\ 0, & |t|>c\end{cases}$ 的傅氏变换　（$c>0$）．

解　由定义

$$\begin{aligned}F(\omega)=\mathscr{F}[f(t)]&=\int_{-\infty}^{+\infty}f(t)\mathrm{e}^{-\mathrm{j}\omega t}\mathrm{d}t\\&=\int_{-c}^{+c}\mathrm{e}^{-\mathrm{j}\omega t}\mathrm{d}t=2\int_{0}^{+c}\mathrm{e}^{-\mathrm{j}\omega t}\mathrm{d}t\\&=\begin{cases}\dfrac{2\sin\omega c}{\omega}, & \omega\neq 0,\\ 2c, & \omega=0\ .\end{cases}\end{aligned}$$

例 4　求函数 $f(t)=\begin{cases}0, & t<0,\\ \mathrm{e}^{-\beta t}, & t\geqslant 0\end{cases}$（其中 $\beta>0$），的傅氏变换和傅氏积分表达式．这个函数叫做指数衰减函数，是工程技术中常见的函数．

解　根据定义，有

$$F(\omega)=\mathscr{F}[f(t)]=\int_{-\infty}^{+\infty}f(t)\mathrm{e}^{-\mathrm{j}\omega t}\mathrm{d}t=\int_{0}^{+\infty}\mathrm{e}^{-\beta t}\mathrm{e}^{-\mathrm{j}\omega t}\mathrm{d}t$$

$$=\int_{0}^{+\infty}\mathrm{e}^{-(\beta+\mathrm{j}\omega)t}\mathrm{d}t=-\frac{1}{\beta+\mathrm{j}\omega}\mathrm{e}^{-(\beta+\mathrm{j}\omega)t}\Big|_{0}^{+\infty},$$

由于 β,ω,t 都是实数，又 $\beta>0$，$\left|\mathrm{e}^{-(\beta+\mathrm{j}\omega)t}\right|=\mathrm{e}^{-\beta t}$，而且当 $t\to+\infty$ 时，$\mathrm{e}^{-\beta t}\to 0$，所以，$\lim\limits_{t\to+\infty}\mathrm{e}^{-(\beta+j\omega)t}=0$．于是

$$F(\omega)=\frac{1}{\beta+\mathrm{j}\omega}=\frac{\beta-\mathrm{j}\omega}{\beta^2+\omega^2}.$$

这就是指数衰减函数的傅氏变换．下面求它的傅氏积分表达式．

根据定义有

$$f(t)=\mathscr{F}^{-1}[F(\omega)]$$

$$=\frac{1}{2\pi}\int_{-\infty}^{+\infty}F(\omega)\mathrm{e}^{\mathrm{j}\omega t}\mathrm{d}\omega=\frac{1}{2\pi}\int_{-\infty}^{+\infty}\frac{\beta-\mathrm{j}\omega}{\beta^2+\omega^2}\mathrm{e}^{\mathrm{j}\omega t}\mathrm{d}\omega$$

$$=\frac{1}{2\pi}\int_{-\infty}^{+\infty}\frac{\beta-\mathrm{j}\omega}{\beta^2+\omega^2}(\cos\omega t+\mathrm{j}\sin\omega t)\mathrm{d}\omega$$

$$=\frac{1}{2\pi}\left(\int_{-\infty}^{+\infty}\frac{\beta\cos\omega t+\omega\sin\omega t}{\beta^2+\omega^2}\mathrm{d}\omega+\mathrm{j}\int_{-\infty}^{+\infty}\frac{\beta\sin\omega t-\omega\cos\omega t}{\beta^2+\omega^2}\mathrm{d}\omega\right),$$

上式括号中第一项是 ω 的偶函数，第二项是 ω 的奇函数，所以

$$f(t)=\frac{1}{\pi}\int_{0}^{+\infty}\frac{\beta\cos\omega t+\omega\sin\omega t}{\beta^2+\omega^2}\mathrm{d}\omega.$$

当 $t=0$ 时，上式右端为 $\dfrac{f(0-0)+f(0+0)}{2}=\dfrac{1}{2}$，由此，还可以得到一个含参变量的广义积分值，即

$$\int_{0}^{+\infty}\frac{\beta\cos\omega t+\omega\sin\omega t}{\beta^2+\omega^2}\mathrm{d}\omega=\begin{cases}0, & t<0,\\ \dfrac{\pi}{2}, & t=0,\\ \pi\mathrm{e}^{-\beta t}, & t>0.\end{cases}$$

6.2.2 傅氏变换的物理意义——频谱

对于函数 $f(t)$，如果它满足傅氏积分定理的条件，则在 $f(t)$ 的连续点处可以表示为

$$f(t)=\frac{1}{2\pi}\int_{-\infty}^{+\infty}F(\omega)\mathrm{e}^{\mathrm{j}\omega t}\mathrm{d}\omega,$$

其中

$$F(\omega)=\int_{-\infty}^{+\infty} f(t)\mathrm{e}^{-\mathrm{j}\omega t}\mathrm{d}t\ ,$$

为 $f(t)$ 的傅氏变换．这里的 $F(\omega)$ 就称为 $f(t)$ 的频谱函数．在一般情况下，$F(\omega)$ 是实自变量的复值函数，所以，有时也称 $F(\omega)$ 为 $f(t)$ 的复数频谱，其模 $|F(\omega)|$ 称为 $f(t)$ 的振幅频谱（简称频谱）．由于 ω 是连续变化的，这时频谱图是连续曲线，所以称这种频谱为连续频谱．

另外，我们可以证明：振幅频谱 $|F(\omega)|$ 是频率 ω 的偶函数，即

$$|F(\omega)|=|F(-\omega)|\ .$$

有了这一性质，在作频谱图时，只要作出 $[0,+\infty)$ 上的图形，然后将所作出的图形以纵轴为对称轴作一翻转即可得到 $(-\infty,0)$ 上的图形．

最后，我们还要指出，不少物理量的变化规律往往可以用某些时间函数来表示．这些函数的频谱也具有相应的意义．在实际中常遇到的有位移、速度、压力以及电流、电压等物理量的频谱．除此之外，还常会遇到功率或能量的频谱．因此，频谱在工程技术中有着广泛的应用．

例 5　作如图 6.1 所示的单个矩形脉冲的频谱图．

解　因为

$$\begin{aligned}F(\omega)&=\int_{-\infty}^{+\infty} f(t)\mathrm{e}^{-\mathrm{j}\omega t}\mathrm{d}t\\&=E\int_{-\frac{\tau}{2}}^{\frac{\tau}{2}}(\cos\omega t-\mathrm{j}\sin\omega t)\mathrm{d}t\\&=2E\int_{0}^{\frac{\tau}{2}}\cos\omega t\mathrm{d}t\\&=\frac{2E}{\omega}\sin\omega t\Big|_{0}^{\frac{\tau}{2}}=\frac{2E}{\omega}\sin\frac{\omega\tau}{2}.\end{aligned}$$

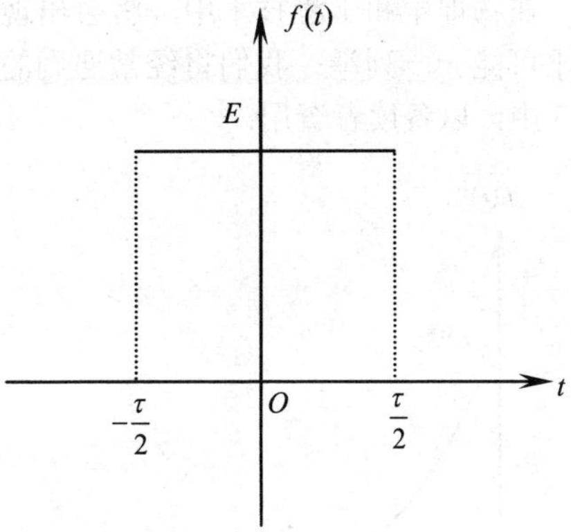

图 6.1

由振幅频谱 $|F(\omega)|=2E\left|\dfrac{\sin\frac{\omega\tau}{2}}{\omega}\right|$ 可作出频谱图，如图 6.2 所示（只画出 $\omega\geqslant 0$ 这一半）．

例 6　作指数衰减函数 $f(t)=\begin{cases}0, & t<0,\\ \mathrm{e}^{-\beta t}, & t\geqslant 0\end{cases}$（其中 $\beta>0$）的频谱图．

解　根据前面例题的结果可得 $F(\omega)=\dfrac{1}{\beta+\mathrm{j}\omega}$，

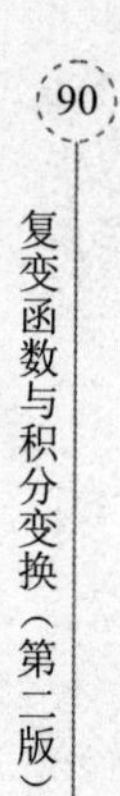

所以 $\left|F(\omega)\right|=\dfrac{1}{\sqrt{\beta^2+\omega^2}}$.

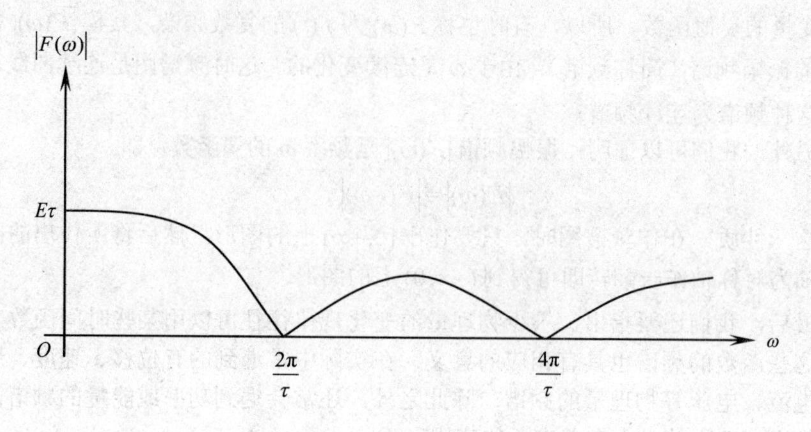

图 6.2

频谱图如图 6.3（b）所示（只画出 $\omega\geqslant0$ 这一半）.

在物理学和工程技术中，将会出现很多非周期函数，它们的频谱的求法，这里不可能一一列举．我们将经常遇到的一些函数及其傅氏变换（或频谱）列于附录 3 中，以备读者查用.

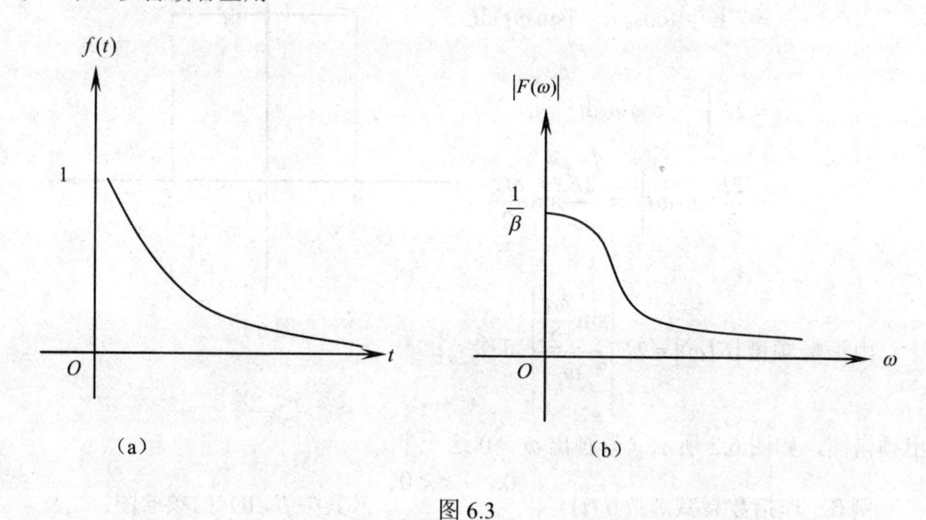

图 6.3

6.3 δ 函数及其傅里叶变换

在物理和工程技术中，除了用到指数衰减函数外，还常常会碰到单位脉冲函数．因为在许多物理现象中，除了有连续分布的物理量外，还会有集中在一点的量（点源），或者具有脉冲性质的量．例如瞬间作用的冲击力、电脉冲等．在电学中，我们要研究线性电路受具有脉冲性质的电势作用后所产生的电流；在力学中，要研究机械系统受冲击力作用后的运动情况等．研究这类问题就会产生我们要介绍的脉冲函数．

在原来电流为零的电路中，某一瞬间（设为$t=0$）进入一个单位电量的脉冲，现在要确定电路上的电流$i(t)$．以$q(t)$表示上述电路中的电荷函数，则

$$q(t)=\begin{cases}0, & t\neq 0,\\ 1, & t=0.\end{cases}$$

由于电流强度是电荷对时间的变化率，即

$$i(t)=\frac{\mathrm{d}q(t)}{\mathrm{d}t}=\lim_{\Delta t\to 0}\frac{q(t+\Delta t)-q(t)}{\Delta t},$$

所以，当$t\neq 0$时，$i(t)=0$；当$t=0$时，由于$q(t)$是不连续的，从而在普通导数的意义下，$q(t)$在这一点是不能求导数的，如果我们形式地计算这个导数，则得

$$i(0)=\lim_{\Delta t\to 0}\frac{q(0+\Delta t)-q(0)}{\Delta t}=\lim_{\Delta t\to 0}(-\frac{1}{\Delta t})=\infty .$$

这就表明，在通常意义下的函数类中找不到一个函数能够用来表示上述电路的电流强度．为了确定这种电路上的电流强度，必须引进一个新的函数，这个函数称为狄拉克（Dirac）函数，简单记为δ函数．有了这种函数，对于许多集中在一点或一瞬间的量，例如点电荷、点热源、集中于一点的质量以及脉冲技术中的非常狭窄的脉冲等，就能够像处理连续分布的量那样，用统一的方式来加以解决．

δ函数又称为单位脉冲函数或冲击函数．它是一个广义函数，它没有普通意义下的“函数值”，所以，它不能用通常意义下“值的对应关系”来定义．下面我们给出δ函数的几种常见的定义和性质，并讨论其傅氏变换．

6.3.1 δ函数的定义

1．看作矩形脉冲的极限

对如图 6.4 所示的宽为τ，振幅为$\frac{1}{\tau}$的矩形脉冲，当保持面积$\tau\times\frac{1}{\tau}$不变，而使脉冲宽度τ趋于零时，脉冲的振幅$\frac{1}{\tau}$必趋于无穷大，所以，$\tau\to 0$的矩形脉冲$\delta_{\tau}(t)$的极限即为单位脉冲函数．记做$\delta(t)$．

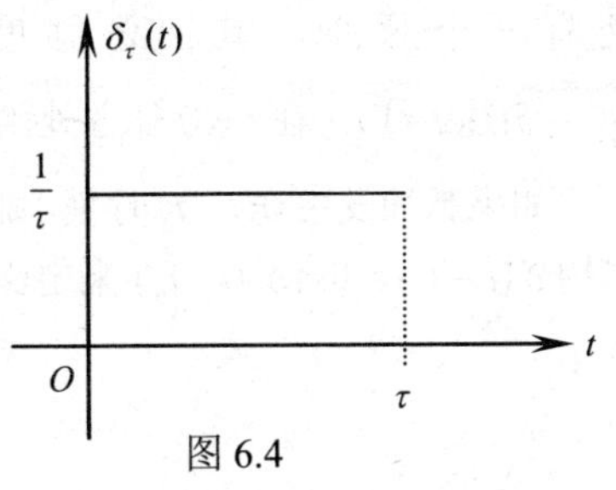

图 6.4

2．δ函数的数学定义

数学上，把δ函数看作是弱收敛函数序列的弱极限．

对于任何一个无穷次可微的函数 $f(t)$，如果满足

$$\int_{-\infty}^{+\infty}\delta(t)f(t)\mathrm{d}t=\lim_{\tau\to 0}\int_{-\infty}^{+\infty}\delta_\tau(t)f(t)\mathrm{d}t,$$

其中，$\delta_\tau(t)=\begin{cases}0, & t<0,\\ \dfrac{1}{\tau}, & 0\leqslant t\leqslant\tau,\\ 0, & t>\tau,\end{cases}$ 则称 $\delta_\tau(t)$ 的弱极限为 δ 函数，

记做 $\delta(t)=\lim\limits_{\tau\to 0}\delta_\tau(t)$.

如上所述，δ 函数无非是下列函数的数学抽象：这个函数在 $t=0$ 的非常狭小的邻域内取非常大的值；在这个邻域外，函数值处处为零.

3. 物理学家狄拉克给出的定义

满足下列两个条件的函数称为 δ 函数：

（1）$\delta(t)=0$，$t\neq 0$；

（2）$\int_{-\infty}^{+\infty}\delta(t)\mathrm{d}t=1$.

上式所表示的极限应理解为将极限运算与积分运算进行交换后所得的结果. 即

$$\begin{aligned}\int_{-\infty}^{+\infty}\delta(t)\mathrm{d}t&=\int_{-\infty}^{+\infty}\lim_{\tau\to 0}\delta_\tau(t)\mathrm{d}t\\&=\lim_{\tau\to 0}\int_{-\infty}^{+\infty}\delta_\tau(t)\mathrm{d}t=\lim_{\tau\to 0}\int_0^\tau\frac{1}{\tau}\mathrm{d}t\\&=\lim_{\tau\to 0}\frac{1}{\tau}\times t\Big|_0^\tau=1.\end{aligned}$$

因此，一般地，当一个积分的被积函数中含有 $\delta(t)$ 时，在运算中，我们常用 $\lim\limits_{\tau\to 0}\delta_\tau(t)$ 来代替 $\delta(t)$，并且必须先求积分，然后再取 $\tau\to 0$ 的的极限. 否则运算就没有意义了.

直观上，δ 函数用一个长度等于 1 的有向线段来表示，如图 6.5 所示，它表明只在 $t=0$ 处有一个脉冲，其冲击强度为 1（即 $\int_{-\infty}^{+\infty}\delta(t)\mathrm{d}t=1$），在 $t=0$ 外各处函数值为零.

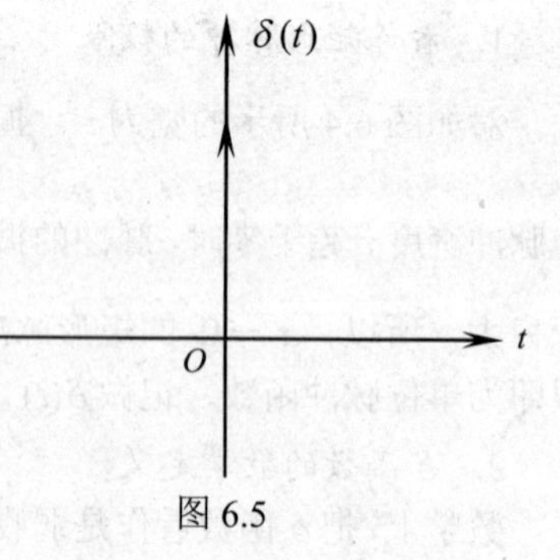

图 6.5

如果脉冲发生在 $t=t_0$ 时刻，那么仿照上面可用 $\delta(t-t_0)=\lim\limits_{\tau\to 0}\delta_\tau(t-t_0)$ 来定义，

其中：

$$\delta_\tau(t-t_0)=\begin{cases}0, & t<t_0,\\ \dfrac{1}{\tau}, & t_0\leqslant t\leqslant t_0+\tau\\ 0, & t>t_0+\tau,\end{cases}$$ 如图 6.6 所示.

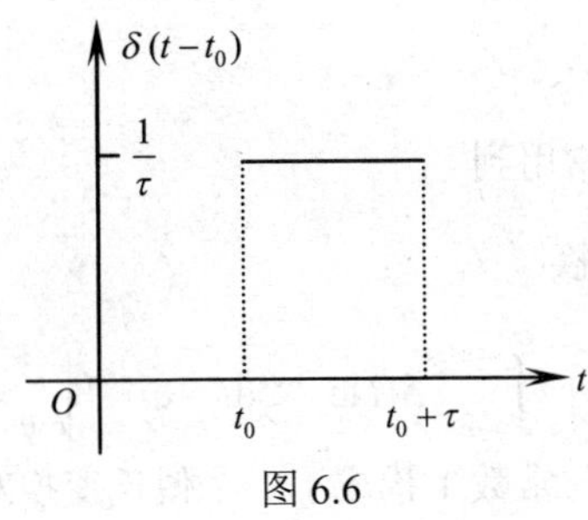

图 6.6

或用如下定义：
满足下列两个条件的函数称为$\delta(t-t_0)$函数：

（1）$\delta(t-t_0)=0$，$t\neq t_0$；

（2）$\int_{-\infty}^{+\infty}\delta(t-t_0)\mathrm{d}t=1=1$.

它的图形如图 6.7 所示.

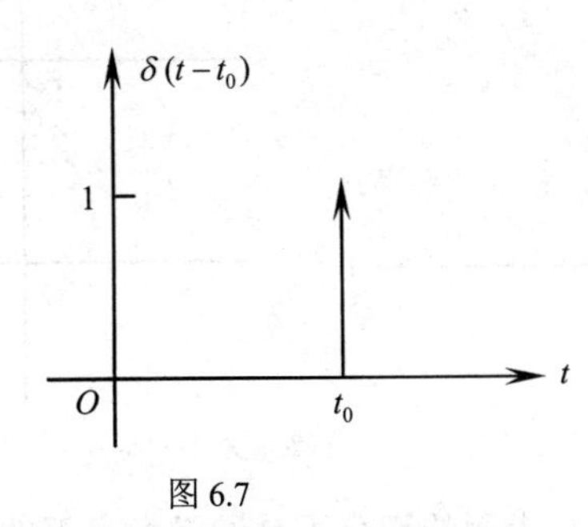

图 6.7

6.3.2 δ函数的性质

（1）对任意的连续函数$f(t)$，都有

$\int_{-\infty}^{+\infty}\delta(t)f(t)\mathrm{d}t=f(0)$；

$\delta(t)\cdot f(t)=\delta(t)\cdot f(0)$；

$\int_{-\infty}^{+\infty}\delta(t-t_0)f(t)\mathrm{d}t=f(t_0)$；

$\delta(t-t_0)\cdot f(t)=\delta(t-t_0)\cdot f(t_0)$；

（2）δ 函数为偶函数，即 $\delta(t)=\delta(-t)$；

（3）$\int_{-\infty}^{t}\delta(t)\mathrm{d}t=u(t)$，

其中，$u(t)=\begin{cases}1, & t>0,\\ 0, & t<0,\end{cases}$ 称为单位阶跃函数.

反之，有 $\dfrac{\mathrm{d}}{\mathrm{d}t}u(t)=\delta(t)$.

以上这些性质我们经常用到.

6.3.3 δ 函数的傅里叶变换

由于 $F(\omega)=\mathscr{F}[\delta(t)]=\int_{-\infty}^{+\infty}\delta(t)\mathrm{e}^{-\mathrm{j}\omega t}\mathrm{d}t=\mathrm{e}^{-\mathrm{j}\omega t}\Big|_{t=0}=1$，

可见，单位脉冲函数 $\delta(t)$ 与常数 1 构成了一个傅氏变换对.

即
$$\mathscr{F}[\delta(t)]=1,\ \mathscr{F}^{-1}[1]=\delta(t).$$

同理，$\delta(t-t_0)$ 和 $\mathrm{e}^{-\mathrm{j}\omega t_0}$ 也构成了一个傅氏变换对.

单位脉冲函数 $\delta(t)$ 的图形及其频谱图如图 6.8 所示.

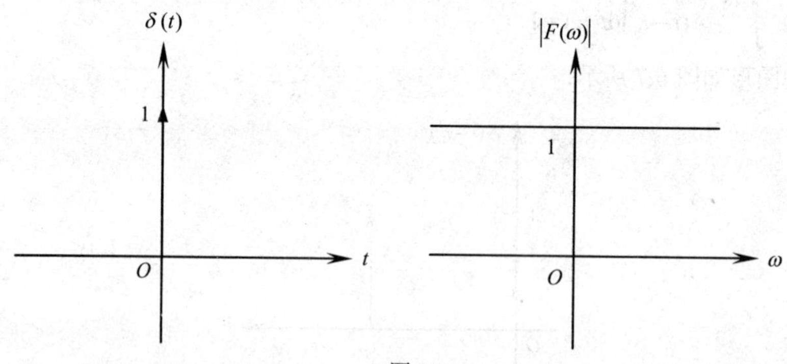

图 6.8

在此需要说明的是：上面的积分不是通常意义下的积分，它是根据 δ 函数的定义及性质从形式上推导出来的，即这些积分在计算时需要交换积分运算和极限运算的次序，所以，$\delta(t)$ 的傅氏变换应理解为一种广义的傅氏变换，这一点对后面的几个例子也是如此.

在物理学和工程技术中，有许多重要函数不满足傅氏积分定理中的绝对可积条件，即不满足条件

$$\int_{-\infty}^{+\infty}|f(t)|\mathrm{d}t<\infty,$$

例如常函数、符号函数、单位阶跃函数以及正、余弦函数等，然而它们的广义傅氏变换是存在的，利用单位脉冲函数及其傅氏变换就可以求出它们的傅氏变换. 所

谓广义是相对于古典而言的，在广义意义下，同样可以说，象函数 $F(\omega)$ 和象原函数 $f(t)$ 亦构成了一个傅氏变换对.

6.3.4 一些常见函数的傅氏变换和一些傅氏变换对

例 7 证明单位阶跃函数 $u(t)=\begin{cases}1, & t>0,\\ 0, & t<0\end{cases}$ 的傅氏变换为 $F(\omega)=\dfrac{1}{\mathrm{j}\omega}+\pi\delta(\omega)$.

证明 我们利用傅氏逆变换来推证单位阶跃函数的傅氏变换.

若 $F(\omega)=\dfrac{1}{\mathrm{j}\omega}+\pi\delta(\omega)$，则由傅氏逆变换可得

$$
\begin{aligned}
f(t)&=\mathscr{F}^{-1}[F(\omega)]\\
&=\frac{1}{2\pi}\int_{-\infty}^{+\infty}\left[\frac{1}{\mathrm{j}\omega}+\pi\delta(\omega)\right]\mathrm{e}^{\mathrm{j}\omega t}\mathrm{d}\omega\\
&=\frac{1}{2\pi}\int_{-\infty}^{+\infty}\pi\delta(\omega)\mathrm{e}^{\mathrm{j}\omega t}\mathrm{d}\omega+\frac{1}{2\pi}\int_{-\infty}^{+\infty}\frac{\mathrm{e}^{\mathrm{j}\omega t}}{j\omega}\mathrm{d}\omega\\
&=\frac{1}{2}\int_{-\infty}^{+\infty}\delta(\omega)\mathrm{e}^{\mathrm{j}\omega t}\mathrm{d}\omega+\frac{1}{2\pi}\int_{-\infty}^{+\infty}\frac{\cos\omega t+\mathrm{j}\sin\omega t}{\mathrm{j}\omega}\mathrm{d}\omega\\
&=\frac{1}{2}\mathrm{e}^{\mathrm{j}\omega t}\Big|_{\omega=0}+\frac{1}{2\pi}\int_{-\infty}^{+\infty}\frac{\sin\omega t}{\omega}\mathrm{d}\omega\\
&=\frac{1}{2}+\frac{1}{\pi}\int_{0}^{+\infty}\frac{\sin\omega t}{\omega}\mathrm{d}\omega .
\end{aligned}
$$

为了说明 $f(t)=u(t)$，就必须计算积分 $\int_{0}^{+\infty}\dfrac{\sin\omega t}{\omega}\mathrm{d}\omega$，这里我们要用到狄利克雷积分

$$
\int_{0}^{+\infty}\frac{\sin x}{x}\mathrm{d}x=\frac{\pi}{2},
$$

因此有

$$
\int_{0}^{+\infty}\frac{\sin\omega t}{\omega}\mathrm{d}\omega=\begin{cases}-\dfrac{\pi}{2}, & t<0,\\ 0, & t=0,\\ \dfrac{\pi}{2}, & t>0.\end{cases}
$$

其中，当 $t=0$ 时，结果是显然的；

当 $t<0$ 时，可令 $u=-t\omega$，则

$$\int_0^{+\infty}\frac{\sin\omega t}{\omega}\mathrm{d}\omega=\int_0^{+\infty}\frac{\sin(-u)}{u}\mathrm{d}u=-\int_0^{+\infty}\frac{\sin u}{u}\mathrm{d}u=-\frac{\pi}{2};$$

当 $t>0$ 时，可推知 $\int_0^{+\infty}\frac{\sin\omega t}{\omega}\mathrm{d}\omega=\frac{\pi}{2}$.

将上述结果代入 $f(t)$ 的表达式中可得

$$\begin{aligned}f(t)&=\frac{1}{2}+\frac{1}{\pi}\int_0^{+\infty}\frac{\sin\omega t}{\omega}\mathrm{d}\omega\\&=\begin{cases}\frac{1}{2}+\frac{1}{\pi}\left(-\frac{\pi}{2}\right)=0, & t<0\\ \frac{1}{2}+\frac{1}{\pi}\left(\frac{\pi}{2}\right)=1, & t>0\end{cases}\\&=u(t).\end{aligned}$$

这就表明，$\frac{1}{\mathrm{j}\omega}+\pi\delta(\omega)$ 的傅氏逆变换为 $f(t)=u(t)$，因此，$u(t)$ 和 $\frac{1}{\mathrm{j}\omega}+\pi\delta(\omega)$ 构成一个傅氏变换对．所以单位阶跃函数 $u(t)$ 的积分表达式可写为

$$u(t)=\frac{1}{2}+\frac{1}{\pi}\int_0^{+\infty}\frac{\sin\omega t}{\omega}\mathrm{d}\omega\quad(t\neq0).$$

例 8　证明 $f(t)=1$ 的傅氏变换为 $F(\omega)=2\pi\delta(\omega)$.

证明　仿照上例

$$\begin{aligned}f(t)&=\mathscr{F}^{-1}[F(\omega)]\\&=\frac{1}{2\pi}\int_{-\infty}^{+\infty}F(\omega)\mathrm{e}^{\mathrm{j}\omega t}\mathrm{d}\omega=\frac{1}{2\pi}\int_{-\infty}^{+\infty}2\pi\delta(\omega)\mathrm{e}^{\mathrm{j}\omega t}\mathrm{d}\omega\\&=\mathrm{e}^{\mathrm{j}\omega t}\Big|_{\omega=0}=1,\end{aligned}$$

所以，1 和 $2\pi\delta(\omega)$ 构成了一个傅氏变换对．

同理，$\mathrm{e}^{\mathrm{j}\omega_0 t}$ 和 $2\pi\delta(\omega-\omega_0)$ 也构成了一个傅氏变换对．由此可得

$$\int_{-\infty}^{+\infty}\mathrm{e}^{-\mathrm{j}\omega t}\mathrm{d}t=2\pi\delta(\omega);$$

$$\int_{-\infty}^{+\infty}\mathrm{e}^{-\mathrm{j}(\omega-\omega_0)t}\mathrm{d}t=2\pi\delta(\omega-\omega_0).$$

例 9　求正弦函数 $f(t)=\sin\omega_0 t$ 的傅氏变换．

解　$F(\omega)=\mathscr{F}[f(t)]$

$$\begin{aligned}&=\int_{-\infty}^{+\infty}\sin\omega_0 t\mathrm{e}^{-\mathrm{j}\omega t}\mathrm{d}t=\int_{-\infty}^{+\infty}\frac{\mathrm{e}^{\mathrm{j}\omega_0 t}-\mathrm{e}^{-\mathrm{j}\omega_0 t}}{2\mathrm{j}}\mathrm{e}^{-\mathrm{j}\omega t}\mathrm{d}t\\&=\frac{1}{2\mathrm{j}}\int_{-\infty}^{+\infty}[\mathrm{e}^{-\mathrm{j}(\omega-\omega_0)t}-\mathrm{e}^{-\mathrm{j}(\omega+\omega_0 t)}]\mathrm{d}t\end{aligned}$$

$$=\frac{1}{2\mathrm{j}}[2\pi\delta(\omega-\omega_0)-2\pi\delta(\omega+\omega_0)]$$
$$=\mathrm{j}\pi[\delta(\omega+\omega_0)-\delta(\omega-\omega_0)],$$

即
$$\mathscr{F}[\sin\omega_0 t]=\mathrm{j}\pi[\delta(\omega+\omega_0)-\delta(\omega-\omega_0)],$$
$$\mathscr{F}^{-1}[\mathrm{j}\pi[\delta(\omega+\omega_0)-\delta(\omega-\omega_0)]]=\sin\omega_0 t.$$

同理，可求得
$$\mathscr{F}[\cos\omega_0 t]=\pi[\delta(\omega+\omega_0)+\delta(\omega-\omega_0)],$$
$$\mathscr{F}^{-1}[\pi[\delta(\omega+\omega_0)+\delta(\omega-\omega_0)]]=\cos\omega_0 t.$$

6.4 傅里叶变换的性质

本节我们将介绍傅里叶变换和傅里叶逆变换的几个基本性质，为了叙述方便，在下面介绍的傅氏变换的性质中，都假设所涉及的函数的傅里叶变换和傅里叶逆变换是存在的.

6.4.1 线性性质

若 $F_1(\omega)=\mathscr{F}[f_1(t)]$，$F_2(\omega)=\mathscr{F}[f_2(t)]$，$\alpha$，$\beta$ 是常数，则
$$\mathscr{F}[\alpha f_1(t)+\beta f_2(t)]=\alpha F_1(\omega)+\beta F_2(\omega),$$
$$\mathscr{F}^{-1}[\alpha F_1(\omega)+\beta F_2(\omega)]=\alpha f_1(t)+\beta f_2(t).$$

这个性质表明了函数的线性组合的傅氏变换等于各函数傅氏变换的线性组合，也就是说傅氏变换是一种线性运算，它满足叠加性. 傅氏逆变换亦然. 它们的证明只要根据定义就可推出.

6.4.2 对称性质

若 $F(\omega)=\mathscr{F}[f(t)]$，则以 t 为自变量的函数 $F(t)$ 的象函数为 $2\pi f(-\omega)$，即
$$\mathscr{F}[F(t)]=2\pi f(-\omega);\ \mathscr{F}^{-1}[f(-\omega)]=\frac{1}{2\pi}F(t).$$

这个性质说明了傅氏变换与其傅氏逆变换的对称性质.

例 10 设 $f(t)=\begin{cases}1, & |t|<1,\\ 0, & |t|>1\end{cases}$ 且 $F(\omega)=\mathscr{F}[f(t)]=\dfrac{2\sin\omega}{\omega}$（以极限值作为 $\omega=0$ 时的函数值），求 $\mathscr{F}\left[\dfrac{2\sin t}{t}\right]$.

解 由对称性得

$$\mathscr{F}\left[\frac{2\sin t}{t}\right]=2\pi f(-\omega)=\begin{cases}2\pi, & |\omega|<1,\\ 0, & |\omega|>1.\end{cases}$$

6.4.3 相似性性质

若 $F(\omega)=\mathscr{F}[f(t)]$，$a\neq 0$，则

$$\mathscr{F}[f(at)]=\frac{1}{|a|}F\left(\frac{\omega}{a}\right).$$

当然，亦有

$$\mathscr{F}^{-1}\left[F\left(\frac{\omega}{a}\right)\right]=|a|\ f(at).$$

例 11 已知 $\mathscr{F}[u(t)]=F(\omega)=\dfrac{1}{\mathrm{j}\omega}+\pi\delta(\omega)$，$u(-t)=\begin{cases}1, & t<0,\\ 0, & t>0,\end{cases}$ 求 $\mathscr{F}[u(-t)]$.

解 显然 $a=-1$，从而由相似性，得

$$\mathscr{F}[u(-t)]=F(-\omega)=\frac{1}{-\mathrm{j}\omega}+\pi\delta(-\omega)$$

$$=-\frac{1}{\mathrm{j}\omega}+\pi\delta(\omega).$$

6.4.4 平移性质

1. 象原函数的平移性质

若 $F(\omega)=\mathscr{F}[f(t)]$，$t_0$ 为实常数，则

$$\mathscr{F}[f(t-t_0)]=\mathrm{e}^{-\mathrm{j}\omega t_0}F(\omega),\quad \mathscr{F}^{-1}[\mathrm{e}^{-\mathrm{j}\omega t_0}F(\omega)]=f(t-t_0).$$

这个性质在无线电技术中，也称为时移性，它表示时间函数 $f(t)$ 沿时间轴向右平移（也称延时）t_0 后的傅氏变换等于 $f(t)$ 傅氏变换乘以因子 $\mathrm{e}^{-\mathrm{j}\omega t_0}$. 同理，函数 $F(\omega)$ 与因子 $\mathrm{e}^{-\mathrm{j}\omega t_0}$ 的乘积 $\mathrm{e}^{-\mathrm{j}\omega t_0}F(\omega)$ 的傅氏逆变换等于 $F(\omega)$ 的傅氏逆变换 $f(t)$ 向右平移 t_0 后的函数 $f(t-t_0)$.

例 12 求单个矩形脉冲函数 $f(t)$ 的频谱函数，其中

$$f(t)=\begin{cases}E, & 0<t<\tau,\\ 0, & \text{其他}.\end{cases}$$

解 $F(\omega)=\displaystyle\int_{-\infty}^{+\infty}f(t)\mathrm{e}^{-\mathrm{j}\omega t}\mathrm{d}t=\int_0^{\tau}E\mathrm{e}^{-\mathrm{j}\omega t}\mathrm{d}t=-\frac{E}{\mathrm{j}\omega}\mathrm{e}^{-\mathrm{j}\omega t}\Big|_0^{\tau}.$

$$=\frac{E}{\mathrm{j}\omega}(1-\cos\omega\tau+\mathrm{j}\sin\omega\tau)=\frac{2E}{\omega}\mathrm{e}^{-\frac{\mathrm{j}\omega\tau}{2}}\sin\frac{\omega\tau}{2}.$$

若我们根据单个矩形脉冲函数

$$f_1(t)=\begin{cases} E, & -\dfrac{\tau}{2}<t<\dfrac{\tau}{2}, \\ 0, & \text{其他} \end{cases}$$

的频谱函数

$$F_1(\omega)=\frac{2E}{\omega}\sin\frac{\omega\tau}{2},$$

利用平移性质，就可以很方便地求得 $F(\omega)$. 因为 $f(t)$ 可以由 $f_1(t)$ 在时间轴上向右平移 $\frac{\tau}{2}$ 而得到，所以

$$F(\omega)=\mathscr{F}[f(t)]=\mathscr{F}\left[f_1\left(t-\frac{\tau}{2}\right)\right]=\mathrm{e}^{-\mathrm{j}\omega\frac{\tau}{2}}F_1(\omega)=\frac{2E}{\omega}\sin\frac{\omega\tau}{2}.$$

这两种解法的结果是一致的.

例 13 求 $\mathscr{F}[u(t-t_0)]$.

解 因为 $\mathscr{F}[u(t)]=F(\omega)=\dfrac{1}{\mathrm{j}\omega}+\pi\delta(\omega)$,

所以

$$\mathscr{F}[u(t-t_0)]=\mathrm{e}^{-\mathrm{j}\omega t_0}F(\omega)=\mathrm{e}^{-\mathrm{j}\omega t_0}\left(\frac{1}{\mathrm{j}\omega}+\pi\delta(\omega)\right)$$

$$=\mathrm{e}^{-\mathrm{j}\omega t_0}\frac{1}{\mathrm{j}\omega}+\pi\delta(\omega)\,\mathrm{e}^{-\mathrm{j}\omega t_0}$$

$$=\mathrm{e}^{-\mathrm{j}\omega t_0}\frac{1}{\mathrm{j}\omega}+\pi\delta(\omega).$$

2. 象函数的平移性质

若 $F(\omega)=\mathscr{F}[f(t)]$，$\omega_0$ 为实常数，则

$$\mathscr{F}^{-1}[F(\omega-\omega_0)]=f(t)\,\mathrm{e}^{\mathrm{j}\omega_0 t},\quad \mathscr{F}[f(t)\,\mathrm{e}^{\mathrm{j}\omega_0 t}]=F(\omega-\omega_0).$$

这个性质在无线电技术中也称为频移性，它表明频谱函数 $F(\omega)$ 沿 ω 轴向右平移后的傅氏逆变换等于象原函数 $f(t)$ 乘以因子 $\mathrm{e}^{\mathrm{j}\omega_0 t}$. 反之，函数 $f(t)$ 乘以因子 $\mathrm{e}^{\mathrm{j}\omega_0 t}$ 的函数 $f(t)\,\mathrm{e}^{\mathrm{j}\omega_0 t}$ 等于将 $f(t)$ 的傅氏变换 $F(\omega)$ 中的 ω 换成 ω_0 得到的函数 $F(\omega-\omega_0)$.

同理，还可得

$$\mathscr{F}^{-1}[F(\omega+\omega_0)]=f(t)\,\mathrm{e}^{-\mathrm{j}\omega_0 t},\quad \mathscr{F}[f(t)\,\mathrm{e}^{-\mathrm{j}\omega_0 t}]=F(\omega+\omega_0).$$

例 14 已知 $\mathscr{F}^{-1}[2\pi\delta(\omega)]=1$，求 $\mathscr{F}^{-1}[\delta(\omega-1)]$.

解 由已知 $\mathscr{F}^{-1}[2\pi\delta(\omega)]=1$，知

$$\mathscr{F}^{-1}[\delta(\omega)]=f(t)=\frac{1}{2\pi},\quad \omega_0=1,$$

从而由频移性可得

$$\mathscr{F}^{-1}[\delta(\omega-1)]=f(t)\,\mathrm{e}^{\mathrm{j}\omega_0 t}=\frac{1}{2\pi}\,\mathrm{e}^{\mathrm{j}t}.$$

显然，$\mathscr{F}\left[\frac{1}{2\pi}\mathrm{e}^{\mathrm{j}t}\right]=\delta(\omega-1)$，$\mathscr{F}[\mathrm{e}^{\mathrm{j}t}]=2\pi\delta(\omega-1)$，

一般地，$\mathscr{F}[\mathrm{e}^{\mathrm{j}\omega_0 t}]=2\pi\delta(\omega-\omega_0)$.

例 15 设 $F(\omega)=\mathscr{F}[f(t)]$，求 $\mathscr{F}[f(t)\sin\omega_0 t]$，$\mathscr{F}[f(t)\cos\omega_0 t]$.

解 由

$$\sin\omega_0 t=\frac{1}{2\mathrm{j}}(\mathrm{e}^{\mathrm{j}\omega_0 t}-\mathrm{e}^{-\mathrm{j}\omega_0 t}),\quad \cos\omega_0 t=\frac{1}{2}(\mathrm{e}^{\mathrm{j}\omega_0 t}+\mathrm{e}^{-\mathrm{j}\omega_0 t}),$$

得

$$\begin{aligned}\mathscr{F}[f(t)\sin\omega_0 t]&=\frac{1}{2\mathrm{j}}\mathscr{F}[f(t)(\mathrm{e}^{\mathrm{j}\omega_0 t}-\mathrm{e}^{-\mathrm{j}\omega_0 t})]\\&=\frac{1}{2\mathrm{j}}\mathscr{F}[f(t)\,\mathrm{e}^{\mathrm{j}\omega_0 t}-f(t)\,\mathrm{e}^{-\mathrm{j}\omega_0 t}]\\&=\frac{1}{2\mathrm{j}}[F(\omega-\omega_0)-F(\omega+\omega_0)].\end{aligned}$$

同理：

$$\begin{aligned}\mathscr{F}[f(t)\cos\omega_0 t]&=\frac{1}{2}\mathscr{F}[f(t)(\mathrm{e}^{\mathrm{j}\omega_0 t}+\mathrm{e}^{-\mathrm{j}\omega_0 t})]\\&=\frac{1}{2}\mathscr{F}[f(t)\,\mathrm{e}^{\mathrm{j}\omega_0 t}+f(t)\,\mathrm{e}^{-\mathrm{j}\omega_0 t}]\\&=\frac{1}{2}[F(\omega-\omega_0)+F(\omega+\omega_0)].\end{aligned}$$

利用上述结论，及 $\mathscr{F}[u(t)]=F(\omega)=\frac{1}{\mathrm{j}\omega}+\pi\delta(\omega)$ 可以求得

$$\begin{aligned}\mathscr{F}[u(t)\sin\omega_0 t]&=\frac{1}{2\mathrm{j}}[F(\omega-\omega_0)-F(\omega+\omega_0)]\\&=\frac{1}{2\mathrm{j}}\left[\frac{1}{\mathrm{j}\cdot(\omega-\omega_0)}+\pi\delta(\omega-\omega_0)-\frac{1}{\mathrm{j}\cdot(\omega-\omega_0)}-\pi\delta(\omega+\omega_0)\right]\\&=\frac{\omega_0}{\omega_0^2-\omega^2}+\frac{1}{2\mathrm{j}}\pi[\delta(\omega-\omega_0)-\delta(\omega+\omega_0)],\end{aligned}$$

$$\begin{aligned}\mathscr{F}[u(t)\cos\omega_0 t]&=\frac{1}{2}[F(\omega-\omega_0)+F(\omega+\omega_0)]\\&=\frac{1}{2}\left[\frac{1}{\mathrm{j}(\omega-\omega_0)}+\pi\delta(\omega-\omega_0)+\frac{1}{\mathrm{j}(\omega+\omega_0)}+\pi\delta(\omega+\omega_0)\right]\\&=\frac{\mathrm{j}\omega}{\omega_0^2-\omega^2}+\frac{1}{2}\pi[\delta(\omega-\omega_0)+\delta(\omega+\omega_0)].\end{aligned}$$

6.4.5 微分性质

1. 象原函数的微分性质

若$\mathscr{F}[f(t)]=F(\omega)$，且$\lim\limits_{t\to\pm\infty}f(t)=0$，则

$$\mathscr{F}[f'(t)]=\mathrm{j}\omega F(\omega).$$

这个性质说明一个函数的导数的傅氏变换等于这个函数的傅氏变换乘以因子$\mathrm{j}\omega$.

推论 若$\lim\limits_{t\to\pm\infty}f^{(k)}(t)=0$（$k=0,1,2,\cdots,n-1$），

则有

$$\mathscr{F}[f^{(n)}(t)]=(\mathrm{j}\omega)^n F(\omega)=(\mathrm{j}\omega)^n\mathscr{F}[f(t)].$$

例 16 证明$\mathscr{F}[\delta'(t)]=\mathrm{j}\omega$.

证明 因为 $\mathscr{F}[\delta(t)]=1$，所以$\mathscr{F}[\delta'(t)]=\mathrm{j}\omega\mathscr{F}[\delta(t)]=\mathrm{j}\omega$.

同理 $\mathscr{F}[\delta''(t)]=\mathrm{j}\omega\mathscr{F}[\delta'(t)]=(\mathrm{j}\omega)^2$，

$\mathscr{F}[\delta^{(n)}(t)]=\mathrm{j}\omega\mathscr{F}[\delta^{(n-1)}(t)]=(\mathrm{j}\omega)^n$ （n为正整数）.

2. 象函数的微分性质

若$\mathscr{F}[f(t)]=F(\omega)$，则

$$\frac{\mathrm{d}}{\mathrm{d}\omega}F(\omega)=-\mathrm{j}\mathscr{F}[tf(t)],$$

或

$$\mathscr{F}[tf(t)]=\mathrm{j}\frac{\mathrm{d}}{\mathrm{d}\omega}F(\omega).$$

由这个性质可知，若已知$f(t)$的傅氏变换，则$tf(t)$的傅氏变换也可求出.

一般的有

$$\frac{\mathrm{d}^n}{\mathrm{d}\omega^n}F(\omega)=(-\mathrm{j})^n\ \mathscr{F}[t^nf(t)].$$

例 17 已知$\mathscr{F}[u(t)]=F(\omega)=\dfrac{1}{\mathrm{j}\omega}+\pi\delta(\omega)$，求$\mathscr{F}[tu(t)]$.

解 利用象函数的微分性质，可得

$$\mathscr{F}[tu(t)]=\mathrm{j}\frac{\mathrm{d}}{\mathrm{d}\omega}F(\omega)=\mathrm{j}\frac{\mathrm{d}}{\mathrm{d}\omega}\left[\frac{1}{\mathrm{j}\omega}+\pi\delta(\omega)\right]$$

$$=\mathrm{j}\left[-\frac{1}{\mathrm{j}\omega^2}+\pi\delta'(\omega)\right]=-\frac{1}{\omega^2}+\mathrm{j}\pi\delta'(\omega).$$

6.4.6 积分性质

若$\mathscr{F}[f(t)]=F(\omega)$，则 $\mathscr{F}\left[\int_{-\infty}^{t}f(\tau)\mathrm{d}\tau\right]=\dfrac{1}{\mathrm{j}\omega}F(\omega)$，

在这里，$\int_{-\infty}^{t}f(\tau)\mathrm{d}\tau$必须满足傅氏积分存在定理的条件，若不满足，则这个广义积分应改为

$$\mathscr{F}\left[\int_{-\infty}^{t}f(\tau)\mathrm{d}\tau\right]=\frac{1}{\mathrm{j}\omega}F(\omega)+\pi F(0)\delta(\omega).$$

6.4.7 傅氏变换的卷积与卷积定理

1. $(-\infty,+\infty)$上的卷积定义

若给定两个函数$f_1(t),f_2(t)$，则积分

$$\int_{-\infty}^{+\infty}f_1(\tau)f_2(t-\tau)\mathrm{d}\tau$$

称为函数$f_1(t)$和$f_2(t)$的卷积，记作$f_1(t)*f_2(t)$，即

$$f_1(t)*f_2(t)=\int_{-\infty}^{+\infty}f_1(\tau)f_2(t-\tau)\mathrm{d}\tau.$$

可以证明，卷积满足下列性质：

（1）$f_1(t)*f_2(t)=f_2(t)*f_1(t)$；

（2）$f_1(t)*[f_2(t)+f_3(t)]=f_1(t)*f_2(t)+f_1(t)*f_3(t)$；

（3）$f_1(t)*[f_2(t)*f_3(t)]=f_1(t)*f_2(t)*f_3(t)$.

例 18 对函数$f_1(t)=[u(t+1)-u(t-1)]t$，$f_2(t)=1$，计算卷积$f_1(t)*f_2(t)$.

解 $f_1(t)=[u(t+1)-u(t-1)]t=\begin{cases}t, & |t|<1,\\ 0, & \text{其他},\end{cases}$ 所以

$$f_1(t)*f_2(t)=\int_{-1}^{1}\tau f_2(t-\tau)\mathrm{d}\tau=\int_{-1}^{1}\tau\mathrm{d}\tau=0.$$

例 19 计算函数$f_1(t)=u(t)\mathrm{e}^{-t}$，$f_2(t)=\left[u(t)-u(t-\frac{\pi}{2})\right]\sin t$的卷积$f_1(t)*f_2(t)$.

解 $f_1(t)=\begin{cases}0, & t<0,\\ \mathrm{e}^{-t}, & t>0,\end{cases}$ $f_2(t)=\begin{cases}\sin t, & 0<t<\dfrac{\pi}{2},\\ 0, & \text{其他},\end{cases}$ 所以

$$f_1(t)*f_2(t)=\int_0^{\frac{\pi}{2}}\sin\tau u(t-\tau)\mathrm{e}^{-(t-\tau)}\mathrm{d}\tau=\mathrm{e}^{-t}\int_0^{\frac{\pi}{2}}\sin\tau\, u(t-\tau)\mathrm{e}^{\tau}\mathrm{d}\tau.$$

当$t\leqslant 0$时，由于$\tau\in\left(0,\dfrac{\pi}{2}\right)$，因此$u(t-\tau)\equiv 0$，有

$$f_1(t)*f_2(t)=0\text{；}$$

当$t\geqslant\dfrac{\pi}{2}$时，由于$\tau\in\left(0,\dfrac{\pi}{2}\right)$，因此$u(t-\tau)\equiv 1$，有

$$f_1(t)*f_2(t)=\mathrm{e}^{-t}\int_0^{\frac{\pi}{2}}\sin\tau\,\mathrm{e}^{\tau}\mathrm{d}\tau=\frac{1}{2}\mathrm{e}^{-t}(1+\mathrm{e}^{\frac{\pi}{2}})\text{；}$$

当$t\in(0,\dfrac{\pi}{2})$时，对$\tau>t$有$u(t-\tau)=0$，有

$$f_1(t)*f_2(t)=\mathrm{e}^{-t}\int_0^{t}\sin\tau\,\mathrm{e}^{\tau}\mathrm{d}\tau=\frac{1}{2}(\sin t-\cos t+\mathrm{e}^{-t})\text{.}$$

卷积在傅氏分析的应用中有着十分重要的作用，这是由下面的卷积定理所决定的.

2. 傅氏变换的卷积定理

（1）若$\mathscr{F}[f_1(t)]=F_1(\omega)$，$\mathscr{F}[f_2(t)]=F_2(\omega)$，

则
$$\mathscr{F}[f_1(t)*f_2(t)]=F_1(\omega)\,F_2(\omega)\text{，}$$
或
$$\mathscr{F}^{-1}[F_1(\omega)\,F_2(\omega)]=f_1(t)*f_2(t)\text{.}$$

这个性质说明了两个函数卷积的傅氏变换等于这两个函数傅氏变换的乘积.

（2）频谱卷积定理.

若$\mathscr{F}[f_1(t)]=F_1(\omega)$，$\mathscr{F}[f_2(t)]=F_2(\omega)$，

则
$$\mathscr{F}[f_1(t)f_2(t)]=\frac{1}{2\pi}F_1(\omega)*F_2(\omega)\text{，}$$
即两个函数乘积的傅氏变换等于它们的傅氏变换的卷积除以2π.

从以上我们可以看出，卷积并不总是容易计算的，但卷积定理提供了卷积计算的简便方法，即化卷积为乘积运算，这使得卷积在线性系统分析中成为特别有用的方法. 在本书第 7 章中我们将对卷积作进一步的讨论.

本章小结

1. 傅氏变换逆变换的概念

$$F(\omega)=\int_{-\infty}^{+\infty}f(t)\mathrm{e}^{-\mathrm{j}\omega t}\mathrm{d}t\text{，}\quad f(t)=\frac{1}{2\pi}\int_{-\infty}^{+\infty}F(\omega)\mathrm{e}^{\mathrm{j}\omega t}\mathrm{d}\omega\text{；}$$

$F(\omega)$：象函数，$f(t)$的傅氏变换；

$f(t)$：象原函数，$F(\omega)$的傅氏逆变换；

$\dfrac{1}{2\pi}\displaystyle\int_{-\infty}^{+\infty}F(\omega)\mathrm{e}^{\mathrm{j}\omega t}\mathrm{d}\omega$：$f(t)$的傅氏积分表达式；

$F(\omega)$：频谱函数，$|F(\omega)|$：频谱.

2. $\delta(t)$函数的性质

（1）$\int_{-\infty}^{+\infty}\delta(t)f(t)\mathrm{d}t=f(0)$，$\delta(t)f(t)=\delta(t)f(0)$；

$\int_{-\infty}^{+\infty}\delta(t-t_0)f(t)\mathrm{d}t=f(t_0)$，$\delta(t-t_0)f(t)=\delta(t-t_0)f(t_0)$.

（2）δ 函数为偶函数，即 $\delta(t)=\delta(-t)$.

（3）$\int_{-\infty}^{t}\delta(t)\mathrm{d}t=u(t)$　其中，$u(t)=\begin{cases}1, & t>0\\ 0, & t<0\end{cases}$ 称为单位阶跃函数.

3．常见的傅氏变换对

$f(t)$	$F(\omega)$	$f(t)$	$F(\omega)$
$\delta(t)$	1	$\delta(t-t_0)$	$\mathrm{e}^{-\mathrm{j}\omega t_0}$
$\delta^{(n)}(t)$（n 为正整数）	$(\mathrm{j}\omega)^n$	$\mathrm{e}^{-\mathrm{j}\omega_0 t}$	$2\pi\delta(\omega+\omega_0)$
$u(t)$	$\frac{1}{\mathrm{j}\omega}+\pi\delta(\omega)$	$u(t)\mathrm{e}^{-\beta t}$ $(\beta>0)$	$\frac{1}{\beta+\mathrm{j}\omega}$
$\sin\omega_0 t$	$\mathrm{j}\pi\left[\delta(\omega+\omega_0)-\delta(\omega-\omega_0)\right]$	$\cos\omega_0 t$	$\pi\left[\delta(\omega+\omega_0)+\delta(\omega-\omega_0)\right]$

4．傅氏变换的主要性质

若 $F_1(\omega)=\mathscr{F}[f_1(t)]$，$F_2(\omega)=\mathscr{F}[f_2(t)]$，$\alpha,\beta$ 是常数，则

（1）$\mathscr{F}[\alpha f_1(t)+\beta f_2(t)]=\alpha F_1(\omega)+\beta F_2(\omega)$；

$\mathscr{F}^{-1}[\alpha F_1(\omega)+\beta F_2(\omega)]=\alpha f_1(t)+\beta f_2(t)$.

（2）$\mathscr{F}[F(t)]=2\pi f(-\omega)$；　　$\mathscr{F}^{-1}[f(-\omega)]=\frac{1}{2\pi}F(t)$；

（3）$\mathscr{F}[f(at)]=\frac{1}{|a|}F\left(\frac{\omega}{a}\right)$；　　$\mathscr{F}^{-1}\left[F\left(\frac{\omega}{a}\right)\right]=|a|\ f(at)$　　$(a\neq 0)$.

（4）$\mathscr{F}[f(t-t_0)]=\mathrm{e}^{-\mathrm{j}\omega t_0}F(\omega)$；　　$\mathscr{F}^{-1}[\mathrm{e}^{-\mathrm{j}\omega t_0}F(\omega)]=f(t-t_0)$.

（5）$\mathscr{F}[f(t)\mathrm{e}^{\mathrm{j}\omega_0 t}]=F(\omega-\omega_0)$；　　$\mathscr{F}^{-1}[F(\omega-\omega_0)]=f(t)\mathrm{e}^{\mathrm{j}\omega_0 t}$.

（6）$\mathscr{F}[f'(t)]=(\mathrm{j}\omega)F(\omega)$；（当 $t\to\pm\infty$ 时，$f(t)\to 0$）.

（7）$\mathscr{F}[tf(t)]=\mathrm{j}\frac{\mathrm{d}}{\mathrm{d}\omega}F(\omega)$；　　$\frac{\mathrm{d}}{\mathrm{d}\omega}F(\omega)=-\mathrm{j}\mathscr{F}[tf(t)]$.

（8）$\mathscr{F}\left[\int_{-\infty}^{t}f(\tau)\mathrm{d}\tau\right]=\frac{1}{\mathrm{j}\omega}F(\omega)$.

5．卷积　$f_1(t)*f_2(t)=\int_{-\infty}^{+\infty}f_1(\tau)f_2(t-\tau)\mathrm{d}\tau$，

$\mathscr{F}[f_1(t)*f_2(t)]=F_1(\omega)\ F_2(\omega)$.

习题 6

1．求矩形脉冲函数 $f(t)=\begin{cases}A,\ 0\leqslant t\leqslant\tau\\0,\quad 其他\end{cases}$ 的傅氏变换（τ 为常数）.

2．求下列函数的傅氏积分表达式：

（1） $f(t)=\begin{cases}1-t^2, & t^2<1,\\ 0, & t^2>1;\end{cases}$

（2） $f(t)=\begin{cases}0, & -\infty<t<-1,\\ -1, & -1<t<0,\\ 1, & 0<t<1,\\ 0, & 1<t<+\infty .\end{cases}$

3．求下列函数的傅氏变换，并推证下列积分结果：

（1） $f(t)=\mathrm{e}^{-\beta|t|}$ （$\beta>0$），证明 $\displaystyle\int_0^{+\infty}\frac{\cos\omega t}{\beta^2+\omega^2}\mathrm{d}\omega=\frac{\pi}{2\beta}\mathrm{e}^{-\beta|t|}$ ；

（2） $f(t)=\begin{cases}\sin t, & |t|\leqslant\pi,\\ 0, & |t|>\pi,\end{cases}$ 证明 $\displaystyle\int_0^{+\infty}\frac{\sin\omega\pi\sin\omega t}{1-\omega^2}\mathrm{d}\omega=\begin{cases}\dfrac{\pi}{2}\sin t, & |t|\leqslant\pi,\\ 0, & |t|>\pi.\end{cases}$

4．求如图 6.9 所示的三角形脉冲的频谱函数（$\tau>0$，$A>0$ 为常数）.

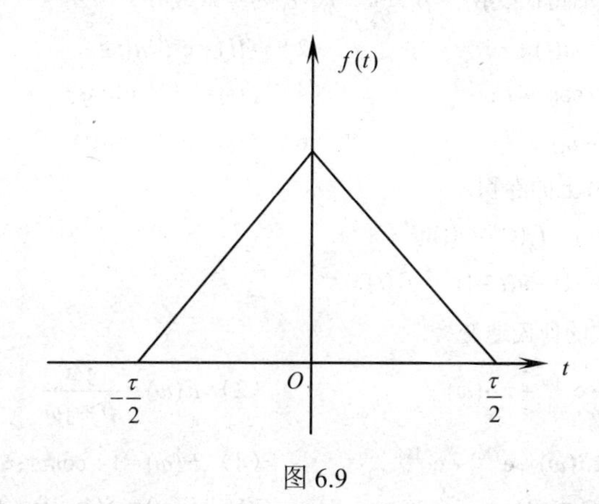

图 6.9

5．已知某函数的傅氏变换为 $F(\omega)=\pi\left[\delta(\omega-\omega_0)+\delta(\omega+\omega_0)\right]$，求该函数 $f(t)$.

6．已知函数 $f(t)$ 的傅氏变换为 $F(\omega)=\begin{cases}1, & |\omega|\leqslant 1,\\ 0, & |\omega|>1,\end{cases}$ 求 $f(t)$.

7．已知某函数的傅氏变换为 $F(\omega)=\dfrac{\sin\omega}{\omega}$，求该函数 $f(t)$.

8．求下列函数的的傅氏变换．

（1） $f(t)=\cos t\sin t$；（2） $f(t)=\cos\left(5t+\dfrac{\pi}{3}\right)$；

（3） $f(t)=\sin^3 t$；（4） $f(t)=\cos^2 t$．

9．求下列函数的傅氏变换．

（1） $f(t)=t\cos t$；（2） $f(t)=\mathrm{e}^{-2\mathrm{j}t}\sin t$；

（3） $f(t)=u(t)t^2$；（4） $f(t)=t\mathrm{e}^{-t}u(t)$；

（5） $f(t)=\mathrm{e}^{\mathrm{j}\omega_0 t}+\delta(t-t_0)$；（6） $f(t)=1-2\delta(t)+3\delta'(t-1)$．

10．求符号函数（又称正负号函数）

$$\operatorname{sgn} t=\frac{t}{|t|}=\begin{cases}-1, & t<0,\\ 0, & t=0,\\ 1, & t>0\end{cases}$$

的傅氏变换．

11．已知$\mathscr{F}[f(t)]=F(\omega)$，求下列函数的傅氏变换．

（1） $f(-2t)$；（2） $\mathrm{e}^{a\mathrm{j}t}f(t)$ （a为实常数）；

（3） $tf(2t)$；（4） $f(2t+5)$；

（5） $f(1-t)$；（6） $t\dfrac{\mathrm{d}f(t)}{\mathrm{d}t}$（假设$\lim\limits_{t\to\pm\infty}f(t)=0$）．

12．求下列函数的傅氏变换（$\beta>0$，ω_0，t_0为实常数）．

（1） $f(t)=\mathrm{e}^{-\beta t}u(t)$；（2） $f(t)=\mathrm{e}^{-\beta t}u(t)t$；

（3） $f(t)=\mathrm{e}^{\mathrm{j}\omega_0 t}\cos\omega_0 t$；（4） $f(t)=\mathrm{e}^{\mathrm{j}\omega_0 t}u(t)$；

（5） $f(t)=u(t-t_0)\mathrm{e}^{-\mathrm{j}\omega_0 t}$；（6） $f(t)=\mathrm{e}^{-\mathrm{j}\omega_0 t}tu(t)$．

13．求$(-\infty,+\infty)$上的卷积．

（1） $f_1(t)=u(t)$， $f_2(t)=u(t)\mathrm{e}^{-t}$；

（2） $f_1(t)=u(t+1)-u(t-1)$， $f_2(t)=t^2$．

14．求下列函数的傅氏逆变换．

（1） $F(\omega)=\dfrac{1}{\mathrm{j}\omega}\mathrm{e}^{-\mathrm{j}\omega}+\pi\delta(\omega)$；（2） $F(\omega)=\dfrac{\mathrm{j}\omega}{\beta+\mathrm{j}\omega}$ （$\beta>0$）；

（3） $F(\omega)=2\pi\delta(\omega)+\mathrm{e}^{\mathrm{j}2\omega}+\mathrm{e}^{-\mathrm{j}3\omega}$；（4） $F(\omega)=1+\cos\omega$；

（5） $F(\omega)=\sin(\omega+1)$；（6） $F(\omega)=\delta(\omega+1)+\delta(\omega-1)$．

自测题 6

一、填空题

1． $\int_{-\infty}^{+\infty}\delta(t)\mathrm{e}^{2t}\mathrm{d}t=$________________．

2．$\mathscr{F}[\delta(t+1)+e^{-jt}]=$______________.

3．已知$\mathscr{F}[u(t)]=\dfrac{1}{j\omega}+\pi\delta(\omega)$，则$\mathscr{F}[tu(t)]=$______________.

4．$\mathscr{F}[\sin t]=$______________.

5．$\mathscr{F}[\cos t]=$______________.

6．$\mathscr{F}[e^{-2t}u(t)]=$______________.

7．$\mathscr{F}^{-1}[1]=$______________.

8．$\mathscr{F}[1]=$______________.

9．已知$\mathscr{F}[f(t)]=F(\omega)$，则$\mathscr{F}[[f(t)]\ e^{jt}]=$______________.

10．已知$\mathscr{F}[f(t)]=F(\omega)$，则$\mathscr{F}[te^{-jt}f'(t)]=$______________.

二、设$f(t)=\begin{cases}1, & |t|\leqslant 1,\\ 0, & |t|>1,\end{cases}$试求$f(t)$的傅氏变换，并推证：

$$\int_0^{+\infty}\frac{\sin\omega\cos\omega t}{\omega}\mathrm{d}\omega=\begin{cases}\dfrac{\pi}{2}, & |t|<1,\\ \dfrac{\pi}{4}, & |t|=1,\\ 0, & |t|>1.\end{cases}$$

三、求函数$f(t)=e^{3jt}\ tu(t)$的傅氏变换.

四、求函数$\int_{-\infty}^{t}te^{-2t}u(t)\mathrm{d}t$的傅氏变换.

五、求函数$F(\omega)=\dfrac{j\omega}{2+j\omega}$的傅氏逆变换.

第7章　拉普拉斯变换

本章学习目标

- 理解拉普拉斯变换和逆变换的定义
- 了解拉普拉斯变换积分存在定理
- 掌握常见函数的拉普拉斯变换和逆变换
- 掌握拉普拉斯变换的性质
- 会求简单有理函数的拉普拉斯逆变换
- 会利用留数法和查表法求一些函数的拉普拉斯逆变换
- 掌握利用拉普拉斯变换求解微分方程
- 会计算一些简单函数的卷积，了解传递函数

7.1　拉普拉斯变换

7.1.1　拉普拉斯变换的概念

定义1　设函数 $f(t)$ 当 $t \geqslant 0$ 时有定义，而且积分

$$\int_0^{+\infty} f(t)\mathrm{e}^{-st}\mathrm{d}t \qquad (s\text{是一个复参量})$$

在 s 所确定的某一域内收敛，则由此积分所确定的函数可写为

$$F(s)=\int_0^{+\infty} f(t)\mathrm{e}^{-st}\mathrm{d}t . \tag{7.1}$$

我们称式（7.1）为函数 $f(t)$ 的拉普拉斯变换式，（简称拉氏变换式）. 记为

$$F(s)=\mathscr{L}[f(t)],$$

$F(s)$ 称为 $f(t)$ 的拉氏变换（或称为象函数）.

若 $F(s)$ 是 $f(t)$ 的拉氏变换，则称 $f(t)$ 是 $F(s)$ 的拉氏逆变换（或称为象原函数）. 记为

$$f(t)=\mathscr{L}^{-1}[F(s)].$$

需要说明的是：在上述定义中，只要求 $f(t)$ 当 $t \geqslant 0$ 时有定义，为了研究拉氏变换某些性质的方便，以后总是假定当 $t<0$ 时，$f(t)=0$. 也就是对于给定的函数用单位阶跃函数 $u(t)$ 去乘.

由拉氏变换的定义，我们还可以得到计算广义积分$\int_0^{+\infty} f(t)\mathrm{e}^{-at}\mathrm{d}t$（$a$为实常数）的一种方法：

$$\int_0^{+\infty} f(t)\mathrm{e}^{-at}\mathrm{d}t=\int_0^{+\infty} f(t)\mathrm{e}^{-st}\mathrm{d}t\,\Big|_{s=a}=F(s)\,\Big|_{s=a}=F(a)\,.$$

7.1.2 拉普拉斯变换存在定理

拉氏变换存在的条件要比傅氏变换存在的条件弱得多，那么一个函数究竟满足什么条件时，它的拉氏变换一定存在呢？下面的定理将解决这个问题.

定理 1（拉普拉斯变换存在定理） 若函数$f(t)$满足下列条件：

（1）在$t\geqslant 0$的任一有限区间上连续或分段连续，$t<0$时，$f(t)=0$；

（2）当$t\to+\infty$时，$f(t)$的增长速度不超过某一指数函数，亦即存在常数$M>0$，及$C\geqslant 0$，使得

$$|f(t)|\leqslant M\mathrm{e}^{ct}, \qquad 0\leqslant t<+\infty$$

成立（满足此条件的函数，称它的增大是不超过指数级的，C为它的增长指数），则$f(t)$的拉氏变换

$$F(s)=\int_0^{+\infty} f(t)\mathrm{e}^{-st}\mathrm{d}t\,,$$

在半平面$\mathrm{Re}\,(s)>C$上一定存在. 此时右端的积分绝对收敛而且一致收敛，并且在此半平面内$F(s)$为解析函数.

可以证明，我们遇到的很多函数，如单位阶跃函数、常函数、正弦余弦函数、幂函数等的拉氏变换都存在.

7.1.3 一些常用函数的拉普拉斯变换

例 1 求单位脉冲函数$\delta(t)$的拉氏变换.

解 $\mathscr{L}[\,\delta(t)\,]=\int_0^{+\infty}\delta(t)\mathrm{e}^{-st}\mathrm{d}t=1$，

逆变换 $\mathscr{L}^{-1}[1]=\delta(t)$.

注：$\int_0^{+\infty}\delta(t)\mathrm{e}^{-st}\mathrm{d}t=\lim\limits_{\varepsilon\to 0^+}\int_{-\varepsilon}^{+\infty}\delta(t)\mathrm{e}^{-st}\mathrm{d}t\triangleq\int_0^{+\infty}\delta(t)\mathrm{e}^{-st}\mathrm{d}t$.

例 2 求单位阶跃函数$u(t)=\begin{cases}0, & t<0\\ 1, & t>0\end{cases}$的拉氏变换.

解 $\mathscr{L}[\,u(t)\,]=\int_0^{+\infty}\mathrm{e}^{-st}\mathrm{d}t=-\dfrac{1}{s}\mathrm{e}^{-st}\Big|_0^{+\infty}=\dfrac{1}{s}$ （$\mathrm{Re}\,(s)>0$），

逆变换 $\mathscr{L}^{-1}\left[\dfrac{1}{s}\right]=u(t)$.

例 3 求指数函数 $f(t)=\mathrm{e}^{kt}$ 的拉氏变换（$k\in R$）.

解 $\mathscr{L}[f(t)]=\int_0^{+\infty}\mathrm{e}^{kt}\mathrm{e}^{-st}\mathrm{d}t=\int_0^{+\infty}\mathrm{e}^{-(s-k)t}\mathrm{d}t=\dfrac{1}{s-k}$ （$\mathrm{Re}(s)>k$），

逆变换 $\mathscr{L}^{-1}\left[\dfrac{1}{s-k}\right]=\mathrm{e}^{kt}$.

例 4 求单位斜坡函数 $\gamma(t)=\begin{cases}0, & t<0\\ t, & t\geqslant 0\end{cases}=t\,u(t)$ 的拉氏变换.

解 $\mathscr{L}[\gamma(t)]=\int_0^{+\infty}t\,\mathrm{e}^{-st}\mathrm{d}t=-\dfrac{1}{s}t\mathrm{e}^{-st}\Big|_0^{+\infty}+\dfrac{1}{s}\int_0^{+\infty}\mathrm{e}^{-st}\mathrm{d}t=\dfrac{1}{s^2}$ （$\mathrm{Re}(s)>0$），

逆变换 $\mathscr{L}^{-1}\left[\dfrac{1}{s^2}\right]=\gamma(t)$.

例 5 求幂函数 t^n（$n>-1$）的拉氏变换.

$$\mathscr{L}[t^n]=\int_0^{+\infty}t^n\mathrm{e}^{-st}\mathrm{d}t=\frac{\Gamma(n+1)}{s^{n+1}}\quad(\mathrm{Re}(s)>0).$$

$\Gamma(n+1)=\int_0^{+\infty}x^n\mathrm{e}^{-x}\mathrm{d}x$ （即伽马函数）（证明过程略）.

当 n 时正整数时，$\Gamma(n+1)=n!$，则

$$\mathscr{L}[t^n]=\frac{n!}{s^{n+1}}\qquad(\mathrm{Re}(s)>0),$$

逆变换 $\mathscr{L}^{-1}\left[\dfrac{n!}{s^{n+1}}\right]=t^n$.

例 6 求正弦函数 $f(t)=\sin kt$ （$k\in R$）的拉氏变换.

解
$$\begin{aligned}\mathscr{L}[f(t)]&=\int_0^{+\infty}\sin kt\,\mathrm{e}^{-st}\mathrm{d}t=-\frac{1}{s}\int_0^{+\infty}\sin kt\,\mathrm{d}\mathrm{e}^{-st}\\&=-\frac{1}{s}\left[\mathrm{e}^{-st}\sin kt\Big|_0^{+\infty}-k\int_0^{+\infty}\mathrm{e}^{-st}\cos kt\mathrm{d}t\right]\\&=-\frac{k}{s^2}\left[\int_0^{+\infty}\mathrm{e}^{-st}\cos kt\mathrm{d}t\right]\\&=-\frac{k}{s^2}\left[\mathrm{e}^{-st}\cos kt\Big|_0^{+\infty}+k\int_0^{+\infty}\mathrm{e}^{-st}\sin kt\mathrm{d}t\right],\end{aligned}$$

则

$$\int_0^{+\infty}\sin kt\,\mathrm{e}^{-st}\mathrm{d}t=\frac{k}{s^2}-\frac{k^2}{s^2}\int_0^{+\infty}\sin kt\,\mathrm{e}^{-st}\mathrm{d}t,$$

所以

$$\mathscr{L}[\sin kt]=\frac{k}{s^2+k^2}\qquad(\mathrm{Re}(s)>0).$$

同理可得

$$\mathscr{L}[\cos kt]=\frac{s}{s^2+k^2} \quad (\mathrm{Re}(s)>0).$$

逆变换为 $\mathscr{L}^{-1}\left[\frac{k}{s^2+k^2}\right]=\sin kt$；$\mathscr{L}^{-1}\left[\frac{s}{s^2+k^2}\right]=\cos kt$.

7.1.4 周期函数的拉普拉斯变换

可以证明：若 $f(t)$ 是周期为 T 的周期函数，即 $f(t+T)=f(t)$ （$t>0$），当 $f(t)$ 在一个周期上连续或分段连续时，则有

$$\mathscr{L}[f(t)]=\frac{1}{1-\mathrm{e}^{-sT}}\int_0^T f(t)\mathrm{e}^{-st}\mathrm{d}t \quad (\mathrm{Re}(s)>0).$$

这就是求周期函数的拉氏变换公式.

例 7 求如图 7.1 所示的周期函数 $f(t)$ 的拉氏变换.

解 $f(t)=\begin{cases} t, & 0\leqslant t\leqslant b, \\ 2b-t, & b\leqslant t\leqslant 2b, \end{cases}$ 且 $f(t+2b)=f(t)$，周期为 $2b$，所以

$$\begin{aligned}\mathscr{L}[f(t)]&=\frac{1}{1-\mathrm{e}^{-2bs}}\int_0^{2b} f(t)\mathrm{e}^{-st}\mathrm{d}t \\ &=\frac{1}{1-\mathrm{e}^{-2bs}}\left(\int_0^{b} t\mathrm{e}^{-st}\mathrm{d}t+\int_b^{2b}(2b-t)\mathrm{e}^{-st}\mathrm{d}t\right) \\ &=\frac{1}{1-\mathrm{e}^{-2bs}}(1-\mathrm{e}^{-bs})^2\frac{1}{s^2}=\frac{1}{s^2}\frac{(1-\mathrm{e}^{-bs})^2}{(1-\mathrm{e}^{-bs})(1+\mathrm{e}^{-bs})} \\ &=\frac{1}{s^2}\frac{(1-\mathrm{e}^{-bs})}{(1+\mathrm{e}^{-bs})}.\end{aligned}$$

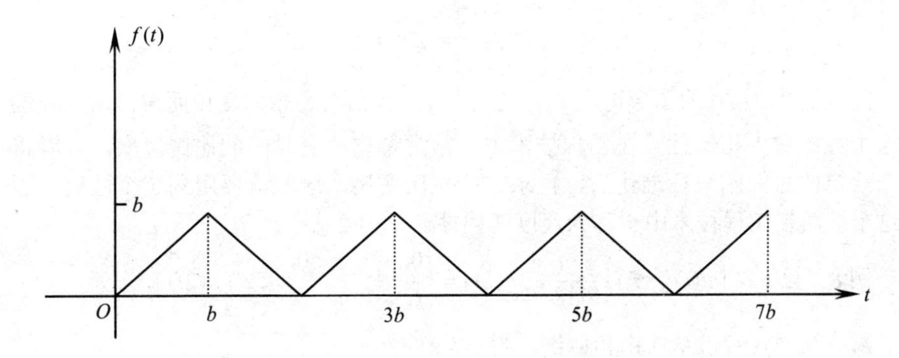

图 7.1

7.2 拉普拉斯变换的基本性质

本节中，我们介绍拉氏变换的几个重要性质，它们在拉氏变换的实际应用中都是很重要的. 为了叙述方便，我们假定在这些性质中，凡是要求拉氏变换的函数都满足拉氏变换的存在定理中的条件，并且把这些函数的增长指数都统一地取为C.

7.2.1 线性性质

若α，β为常数，且$\mathscr{L}[f_1(t)]=F_1(s)$，$\mathscr{L}[f_2(t)]=F_2(s)$，

则

$$\mathscr{L}[\alpha f_1(t)+\beta f_2(t)]=\alpha\mathscr{L}[f_1(t)]+\beta\mathscr{L}[f_2(t)],$$

或

$$\mathscr{L}^{-1}[\alpha F_1(s)+\beta F_2(s)]=\alpha\mathscr{L}^{-1}[F_1(s)]+\beta\mathscr{L}^{-1}[F_2(s)].$$

这个性质表明函数的线性组合的拉氏变换等于各函数拉氏变换的线性组合，也就是说拉氏变换是一种线性运算，它满足叠加性. 拉氏逆变换亦然. 它们的证明只要根据定义就可推出.

7.2.2 相似性

若$F(s)=\mathscr{L}[f(t)]$，$a>0$，则

$$\mathscr{L}[f(at)]=\frac{1}{a}F\left(\frac{s}{a}\right).$$

当然，亦有

$$\mathscr{L}^{-1}\left[F\left(\frac{s}{a}\right)\right]=af(at).$$

因为函数$f(at)$的图形可由$f(t)$的图形沿t轴正向经相似变换而得，所以我们把这个性质称为相似性. 在工程技术中，常常希望改变时间的比例尺度，或者将一个给定的时间函数标准化后，再求它的拉氏变换，这时就要用到这个性质，因此这个性质在工程技术中也称为尺度变换性.

例 8 已知$\mathscr{L}[u(t)]=F(s)=\dfrac{1}{s}$，$u(2t)=\begin{cases}0, & t<0,\\ 1, & t>0,\end{cases}$求$\mathscr{L}[u(2t)]$.

解 显然$a=2$，从而由相似性，得

$$\mathscr{L}[u(2t)]=\frac{1}{2}F\left(\frac{s}{2}\right)=\frac{1}{2}\cdot\frac{2}{s}$$

$$=\frac{1}{s}\qquad(\mathrm{Re}(s)>0).$$

当然，求$\mathscr{L}[u(2t)]$亦可以利用$u(2t)=u(t)$，直接求得.

7.2.3 平移性质

1. 象原函数的平移性质

若 $\mathscr{L}[f(t)]=F(s)$，t_0为任意非负实常数，则

$$\mathscr{L}[f(t-t_0)u(t-t_0)]=\mathrm{e}^{-st_0}F(s),$$

$$\mathscr{L}^{-1}[\mathrm{e}^{-st_0}F(s)]=f(t-t_0)u(t-t_0).$$

这个性质在无线电技术和工程技术中，也称为时移性，它表示时间函数$f(t)$推迟t_0后的拉氏变换等于$f(t)$的拉氏变换乘以因子e^{-st_0}. 同理，函数$F(s)$与因子e^{-st_0}的乘积$\mathrm{e}^{-st_0}F(s)$的拉氏逆变换等于$F(s)$的拉氏逆变换$f(t)$向右平移t_0后的函数$f(t-t_0)u(t-t_0)$.

值得指出的是：函数$f(t-t_0)u(t-t_0)$的图像是$f(t)$的图像向右平移t_0的结果. 也就是说，函数$f(t)$与$f(t-t_0)u(t-t_0)$相比，$f(t)$是从$t=0$开始有非零值，而$f(t-t_0)u(t-t_0)$是从t_0才开始有非零值，即延迟了t_0.

在运用延迟性时，特别要注意象原函数的写法，这时$f(t-t_0)$的后面不能省略因子$u(t-t_0)$，$\sin(t-t_0)$和$\sin(t-t_0)\,u(t-t_0)$表示不同的函数.

例 9 求$u(t-b)=\begin{cases}0, & t<b,\\ 1, & t\geqslant b\end{cases}$ $(b>0)$的拉氏变换.

解 已知$\mathscr{L}[u(t)]=F(s)=\dfrac{1}{s}$，

根据象原函数的平移性质，有

$$\mathscr{L}[u(t-b)]=\frac{1}{s}\mathrm{e}^{-sb}.$$

例 10 求如图 7.2 所示的阶梯函数$f(t)$的拉氏变换.

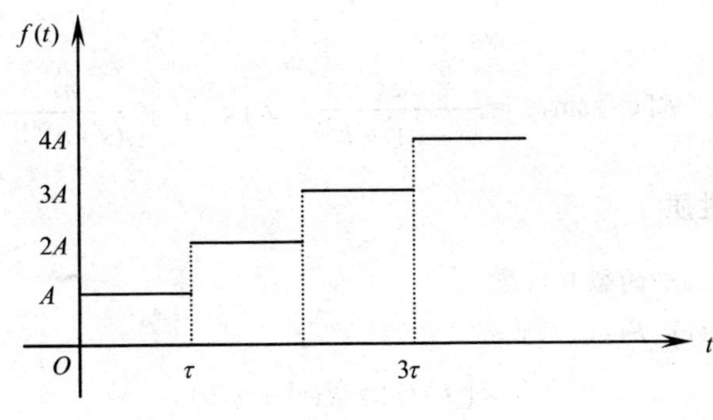

图 7.2

解 利用单位阶跃函数，可将这个阶梯函数表示为

$$f(t)=A\,[\,u(t)+u(t-\tau)+u(t-2\tau)+\cdots\,],$$

根据线性性质和象原函数的平移性质

$$\begin{aligned}\mathscr{L}[\,f(t)\,]&=\mathscr{L}[\,A\,[\,u(t)+u(t-\tau)+u(t-2\tau)+\cdots\,]\,]\\&=A\left(\frac{1}{s}+\frac{1}{s}\mathrm{e}^{-s\tau}+\frac{1}{s}\mathrm{e}^{-2s\tau}+\cdots\right)\\&=\frac{A}{s}(1+\mathrm{e}^{-s\tau}+\mathrm{e}^{-2s\tau}+\cdots).\end{aligned}$$

当 $\mathrm{Re}\,(s)>0$ 时，有 $\left|\mathrm{e}^{-s\tau}\right|<1$，所以，上式右端括号内为一公比的模小于 1 的等比级数，从而

$$\begin{aligned}\mathscr{L}[\,f(t)\,]&=\frac{A}{s}\cdot\frac{1}{1-\mathrm{e}^{-s\tau}}=\frac{A}{s}\cdot\frac{1}{\left(1-\mathrm{e}^{-\frac{s\tau}{2}}\right)\left(1+\mathrm{e}^{-\frac{s\tau}{2}}\right)}\\&=\frac{A}{s}\left(1+\mathrm{cth}\frac{s\tau}{2}\right)\qquad(\mathrm{Re}\,(s)>0).\end{aligned}$$

2. 象函数的平移性质

若 $\mathscr{L}[\,f(t)\,]=F(s)$，$a$ 为复常数，则

$$\mathscr{L}[\,f(t)\,\mathrm{e}^{at}\,]=F(s-a)\,,\quad \mathscr{L}^{-1}[\,F(s-a)\,]=f(t)\mathrm{e}^{at}.$$

这个性质表明函数 $f(t)$ 乘以因子 e^{at} 得到的函数 $f(t)\mathrm{e}^{at}$ 的拉氏变换等于将 $f(t)$ 的拉氏变换 $F(s)$ 作平移 a．反之，$F(s)$ 作平移 a 后的函数 $F(s-a)$ 的象原函数为 $F(s)$ 的象原函数 $f(t)$ 乘以因子 e^{at} 得到的函数 $f(t)\mathrm{e}^{at}$．

例 11 求 $\mathscr{L}[\,\mathrm{e}^{-at}\sin kt\,]$ 和 $\mathscr{L}[\,\mathrm{e}^{-at}t^n\,]$ （n 为正整数）.

解 利用象函数的位移性及公式

$$\mathscr{L}[\sin kt\,]=\frac{k}{s^2+k^2}\,,\quad \mathscr{L}[\,t^n\,]=\frac{n!}{s^{n+1}}\,,$$

可得

$$\mathscr{L}[\,\mathrm{e}^{-at}\sin kt\,]=\frac{k}{(s+a)^2+k^2}\,,\quad \mathscr{L}[\,\mathrm{e}^{-at}t^n\,]=\frac{n!}{(s+a)^{n+1}}\,.$$

7.2.4 微分性质

1. 象原函数的微分性质

若 $\mathscr{L}[\,f(t)\,]=F(s)$，则

$$\mathscr{L}[\,f'(t)\,]=sF(s)-f(0)\,.$$

这个性质说明一个函数的导数的拉氏变换等于这个函数的拉氏变换乘以参数 s，再减去函数的初值.

推论 若$\mathscr{L}[f(t)]=F(s)$，则有

$$\mathscr{L}[f^{(n)}(t)]=s^nF(s)-s^{n-1}f(0)-s^{n-2}f'(0)-\cdots\cdots-f^{(n-1)}(0).$$

其中$\mathrm{Re}\,(s)>C$.

特别地，当初值$f(0)=f'(0)=f''(0)=\cdots\cdots f^{(n-1)}(0)=0$时，

$$\mathscr{L}[f^{(n)}(t)]=s^nF(s).$$

如果$f(t)$在$t=0$点包含脉冲函数$\delta(t)$，则规定

$$\mathscr{L}[f'(t)]=sF(s)-f(0^-),$$

$$\mathscr{L}[f''(t)]=s^2F(s)-sf(0^-)-f'(0^-).$$

其他类似.

此性质使我们有可能将$f(t)$的微分方程化为$F(s)$的代数方程，因此它对分析线性系统有着重要的作用.

例 12 已知$f(t)=t^n$，n为正整数，求$\mathscr{L}[f(t)]$.

解 由于$f(0)=f'(0)=f''(0)=\cdots\cdots f^{(n-1)}(0)=0$，且$f^{(n)}(t)=n!$，

得
$$\mathscr{L}[f^{(n)}(t)]=s^n\mathscr{L}[f(t)],$$

$$\mathscr{L}[t^n]=\frac{1}{s^n}\mathscr{L}[f^{(n)}(t)]=\frac{n!}{s^n}\mathscr{L}[1]=\frac{n!}{s^{n+1}}.$$

2. 象函数的微分性质

若$\mathscr{L}[f(t)]=F(s)$，则

$$F'(s)=-\mathscr{L}[tf(t)],$$

从而
$$\mathscr{L}[t\,f(t)]=-F'(s),\quad \mathscr{L}^{-1}[F'(s)]=-tf(t),$$

$$f(t)=-\frac{1}{t}\mathscr{L}^{-1}[F'(s)]\qquad (\mathrm{Re}\,(s)>C).$$

一般地有

$$F^{(n)}(s)=(-1)^n\mathscr{L}[t^n\,f(t)],$$

$$\mathscr{L}[t^n\,f(t)]=(-1)^n\,F^{(n)}(s)\qquad (n=1,2,\cdots,\ \mathrm{Re}\,(s)>C).$$

例 13 求函数$f(t)=t\sin kt$的拉氏变换.

解 因为 $\mathscr{L}[\sin kt]=\dfrac{k}{s^2+k^2}$，

根据上述象函数的微分性质可知

$$\mathscr{L}[t\sin kt]=-\frac{\mathrm{d}}{\mathrm{d}s}\left(\frac{k}{s^2+k^2}\right)=\frac{2ks}{(s^2+k^2)^2}.$$

同理
$$\mathscr{L}[t\,\cos kt]=-\frac{\mathrm{d}}{\mathrm{d}s}\left(\frac{s}{s^2+k^2}\right)=\frac{s^2-k^2}{(s^2+k^2)^2}.$$

例 14 设$F(s)=\ln(s+1)$，求$f(t)$.

解 因为 $F(s)=\ln(s+1)$，$F'(s)=\dfrac{1}{s+1}$，

$$\mathscr{L}^{-1}\left[\frac{1}{s+1}\right]=\mathrm{e}^{-t}\text{，}\mathscr{L}^{-1}[F'(s)]=-tf(t)\text{，}$$

所以
$$f(t)=\mathscr{L}^{-1}[\ln(s+1)]=-\frac{1}{t}\mathscr{L}^{-1}[F'(s)]=-\frac{\mathrm{e}^{-t}}{t}\text{.}$$

7.2.5 积分性质

1. 象原函数的积分性质

若 $\mathscr{L}[f(t)]=F(s)$，则

$$\mathscr{L}\left[\int_0^t f(t)\mathrm{d}t\right]=\frac{F(s)}{s}\text{，}$$

$$\mathscr{L}^{-1}\left[\frac{F(s)}{s}\right]=\int_0^t f(t)\mathrm{d}t\text{.}$$

这个性质表明，一个函数积分后再取拉氏变换，等于这个函数的拉氏变换除以复参数 s.

一般地

$$\mathscr{L}\Bigg[\underbrace{\int_0^t\mathrm{d}t\int_0^t\mathrm{d}t\cdots\cdots\int_0^t f(t)\mathrm{d}t}_{n\text{ 次}}\Bigg]=\frac{1}{s^n}F(s)\text{.}$$

例 15 已知 $f(t)=\int_0^t\sin k\tau\mathrm{d}\tau$，求 $\mathscr{L}[f(t)]$.

解 由象原函数的积分性质得

$$\mathscr{L}[f(t)]=\mathscr{L}\left[\int_0^t\sin k\tau\mathrm{d}\tau\right]=\frac{1}{s}\mathscr{L}[\sin kt]=\frac{k}{s(s^2+k^2)}\text{.}$$

2. 象函数的积分性质

若 $\mathscr{L}[f(t)]=F(s)$，且积分 $\int_s^{\infty}F(s)\mathrm{d}s$ 收敛，则

$$\mathscr{L}\left[\frac{f(t)}{t}\right]=\int_s^{\infty}F(s)\mathrm{d}s\text{，}$$

或
$$f(t)=t\mathscr{L}^{-1}\left[\int_s^{\infty}F(s)\mathrm{d}s\right]\text{.}$$

一般地，有

$$\mathscr{L}\left[\frac{f(t)}{t^n}\right]=\underbrace{\int_s^{\infty}\mathrm{d}s\int_s^{\infty}\mathrm{d}s\cdots\cdots\int_s^{\infty}F(s)\mathrm{d}s}_{n\text{ 次}}\text{.}$$

推论 若 $\mathscr{L}[f(t)]=F(s)$，且积分 $\int_s^{\infty}F(s)\mathrm{d}s$ 收敛，则

$$\int_0^{+\infty} \frac{f(t)}{t}\mathrm{d}t = \int_0^{\infty} F(s)\mathrm{d}s .$$

证明 由象函数的积分性质和拉氏变换的定义

$$\int_0^{+\infty} \frac{f(t)}{t}\mathrm{e}^{-st}\mathrm{d}t = \int_s^{\infty} F(s)\mathrm{d}s ,$$

令 $s=0$，则上式变为

$$\int_0^{+\infty} \frac{f(t)}{t}\mathrm{d}t = \int_0^{\infty} F(s)\mathrm{d}s .$$

例 16 求$\mathscr{L}\left[\int_0^t \frac{\sin t}{t}\mathrm{d}t\right]$.

解 先求$\mathscr{L}\left[\frac{\sin t}{t}\right]$.

由象函数的积分性和$\mathscr{L}[\sin t]=\frac{1}{s^2+1}$，得

$$\mathscr{L}\left[\frac{\sin t}{t}\right]=\int_s^{\infty}\frac{1}{s^2+1}\mathrm{d}s=\arctan s\Big|_s^{\infty}=\frac{\pi}{2}-\arctan s ,$$

再由象原函数的积分性，可得

$$\mathscr{L}\left[\int_0^t \frac{\sin t}{t}\mathrm{d}t\right]=\frac{1}{s}\left(\frac{\pi}{2}-\arctan s\right).$$

顺便可得

$$\int_0^{+\infty}\frac{\sin t}{t}\mathrm{d}t=\int_0^{\infty}\frac{1}{1+s^2}\mathrm{d}s=\arctan s\Big|_0^{\infty}=\frac{\pi}{2} ,$$

这与我们所熟知的狄氏积分的结果相同.

例 17 计算积分$\int_0^{+\infty}\frac{\mathrm{e}^{-at}-\mathrm{e}^{-bt}}{t}\mathrm{d}t$.

解 利用上述推论可得

$$\begin{aligned}\int_0^{+\infty}\frac{\mathrm{e}^{-at}-\mathrm{e}^{-bt}}{t}\mathrm{d}t&=\int_0^{\infty}\mathscr{L}[\mathrm{e}^{-at}-\mathrm{e}^{-bt}]\mathrm{d}s\\&=\int_s^{\infty}\left(\frac{1}{s+a}-\frac{1}{s+b}\right)\mathrm{d}s\\&=\ln\frac{s+a}{s+b}\Big|_0^{\infty}=\ln\frac{b}{a}.\end{aligned}$$

7.2.6 拉氏变换的卷积与卷积定理

1. $[0,+\infty)$上的卷积定义

若给定两个函数 $f_1(t), f_2(t)$，满足 $t<0$ 时都为零，则可以证明卷积

$$f_1(t)*f_2(t)=\int_{-\infty}^{+\infty}f_1(\tau)f_2(t-\tau)\mathrm{d}\tau=\int_0^t f_1(\tau)f_2(t-\tau)\mathrm{d}\tau,$$

称为函数 $f_1(t)$ 和 $f_2(t)$ 在$[0,+\infty)$上的卷积，仍记作 $f_1(t)*f_2(t)$.

本节中均指此类卷积．它同样满足交换律、结合律和分配律．

例 18 若 $f_1(t)=1$，$f_2(t)=\mathrm{e}^{-t}$，计算在$[0,+\infty)$上的卷积 $f_1(t)*f_2(t)$.

解 根据卷积的定义有

$$\begin{aligned}f_1(t)*f_2(t)&=\int_0^t f_1(\tau)f_2(t-\tau)\mathrm{d}\tau\\&=\int_0^t 1\cdot\mathrm{e}^{-(t-\tau)}\mathrm{d}\tau=\mathrm{e}^{-t}\int_0^t\mathrm{e}^{\tau}\mathrm{d}\tau\\&=\mathrm{e}^{-t}(\mathrm{e}^{-t}-1)=1-\mathrm{e}^{-t}.\end{aligned}$$

例 19 $f_1(t)=f_2(t)=t$，计算卷积 $f_1(t)*f_2(t)$.

解 $$\begin{aligned}f_1(t)*f_2(t)&=\int_0^t f_1(\tau)f_2(t-\tau)\mathrm{d}\tau\\&=\int_0^t\tau(t-\tau)\mathrm{d}\tau=t\frac{1}{2}\tau^2\Big|_0^t-\frac{1}{3}\tau^3\Big|_0^t\\&=\frac{1}{6}t^3.\end{aligned}$$

卷积在拉氏分析的应用中，同样有着十分重要的作用，这是由下面的卷积定理所决定的.

2. 卷积定理

定理 2 若$\mathscr{L}[f_1(t)]=F_1(s)$，$\mathscr{L}[f_2(t)]=F_2(s)$，

则

$$\mathscr{L}[f_1(t)*f_2(t)]=F_1(s)F_2(s),$$

或

$$\mathscr{L}^{-1}[F_1(s)F_2(s)]=f_1(t)*f_2(t).$$

这个性质说明了两个函数卷积的拉氏变换等于这两个函数拉氏变换的乘积．卷积定理提供了卷积计算的简便方法，即化卷积为乘积运算，这使得卷积在线性系统分析中成为特别有用的方法.

例 20 已知 $f_1(t)=t^m$，$f_2(t)=t^n$（m，n 为正整数）求 $f_1(t)*f_2(t)$.

解 $F_1(s)=\mathscr{L}[t^m]=\dfrac{m!}{s^{m+1}}$，$F_2(s)=\mathscr{L}[t^n]=\dfrac{n!}{s^{n+1}}$，

$$\mathscr{L}[f_1(t)*f_2(t)]=F_1(s)F_2(s)=\frac{m!}{s^{m+1}}\cdot\frac{n!}{s^{n+1}}=\frac{m!n!}{s^{m+n+2}},$$

所以 $$f_1(t)*f_2(t)=\mathscr{L}^{-1}[F_1(s)F_2(s)]$$

$$=\mathscr{L}^{-1}\left[\frac{m!n!}{s^{m+n+2}}\right]=\frac{m!n!}{(m+n+1)!}t^{m+n+1}.$$

例 21 计算函数 $F(s)=\dfrac{2s^2}{(s^2+1)^2}$ 的拉普拉斯逆变换.

解 $F(s)=\dfrac{2s^2}{(s^2+1)^2}=2\dfrac{s}{s^2+1}\cdot\dfrac{s}{s^2+1}$，$\mathscr{L}[\cos t]=\dfrac{s}{s^2+1}$，

所以

$$\begin{aligned}\mathscr{L}^{-1}[F(s)]&=\mathscr{L}^{-1}\left[2\frac{s}{s^2+1}\cdot\frac{s}{s^2+1}\right]\\&=2\cos t*\cos t=2\int_0^t\cos\tau\cos(t-\tau)\,\mathrm{d}\tau\\&=\int_0^t[\cos t+\cos(2\tau-t)]\,\mathrm{d}\tau\\&=t\cos t+\frac{1}{2}\sin(2\tau-t)\Big|_0^t\\&=t\cos t+\sin t.\end{aligned}$$

7.3 拉普拉斯逆变换

前面介绍了由象原函数 $f(t)$ 求它的象函数 $F(s)$ 的方法，但在工程实际问题中，还希望从象函数 $F(s)$ 找出象原函数 $f(t)$，这就是拉普拉斯逆变换．根据拉普拉斯变换的定义，

$$f(t)=\frac{1}{2\pi\mathrm{j}}\int_{\beta-\mathrm{j}\infty}^{\beta+\mathrm{j}\infty}F(s)\mathrm{e}^{st}\mathrm{d}s\qquad(t>0).$$

这就是从象函数 $F(s)$ 找出象原函数 $f(t)$ 的一般公式，右端的积分称为拉氏反演积分．它是一个复变函数的积分，但计算比较麻烦．求拉普拉斯逆变换的方法主要有留数法、部分分式法、查表法等．下面我们简单介绍留数法和查表法．

7.3.1 利用拉普拉斯变换表和性质求拉普拉斯逆变换

一些常用函数的拉氏逆变换及性质：

$\mathscr{L}^{-1}[1]=\delta(t)$； $\mathscr{L}^{-1}[s^n]=\delta^{(n)}(t)$； $\mathscr{L}^{-1}\left[\dfrac{1}{s}\right]=u(t)=1$；

$\mathscr{L}^{-1}\left[\dfrac{1}{s-k}\right]=\mathrm{e}^{kt}$； $\mathscr{L}^{-1}\left[\dfrac{1}{s^2}\right]=\gamma(t)=t\,u(t)$；

$\mathscr{L}^{-1}\left[\dfrac{n!}{s^{n+1}}\right]=t^n$； $\mathscr{L}^{-1}\left[\dfrac{n!}{(s-a)^{n+1}}\right]=t^n\mathrm{e}^{at}$；

$$\mathscr{L}^{-1}\left[\frac{k}{s^2+k^2}\right]=\sin kt\,;\qquad \mathscr{L}^{-1}\left[\frac{k}{(s-a)^2+k^2}\right]=\mathrm{e}^{at}\sin kt\,;$$

$$\mathscr{L}^{-1}\left[\frac{s}{s^2+k^2}\right]=\cos kt\,;\qquad \mathscr{L}^{-1}\left[\frac{s-a}{(s-a)^2+k^2}\right]=\mathrm{e}^{at}\cos kt\,;$$

$$\mathscr{L}^{-1}[\alpha\, F_1(s)+\beta\, F_2(s)]=\alpha\,\mathscr{L}^{-1}[F_1(s)]+\beta\,\mathscr{L}^{-1}[F_2(s)]\,;$$

$$\mathscr{L}^{-1}[\mathrm{e}^{-st_0}\, F(s)]=f(t-t_0)u(t-t_0)\,;$$

$$\mathscr{F}^{-1}[F(s-a)]=\mathrm{e}^{at}f(t)\,;\qquad \mathscr{L}^{-1}[F'(s)]=-tf(t)\,;$$

$$\mathscr{L}^{-1}\left[\frac{F(s)}{s}\right]=\int_0^t f(t)\mathrm{d}t\,;\qquad \mathscr{L}^{-1}\left[\int_s^\infty F(s)\mathrm{d}s\right]=\frac{f(t)}{t}\,;$$

$$\mathscr{L}^{-1}[F_1(s)\, F_2(s)]=f_1(t)*f_2(t)=\int_0^t f_1(\tau)f_2(t-\tau)\mathrm{d}\tau\,.$$

一些比较简单的象函数，可以通过查拉普拉斯变换表直接求得拉普拉斯逆变换. 对于有些象函数，在求它的拉普拉斯逆变换时可以将查表与拉普拉斯变换性质结合起来使用.

例 22 已知 $F(s)=\dfrac{1}{s(s+1)}$，求 $f(t)$.

解 $F(s)=\dfrac{1}{s(s+1)}=\dfrac{1}{s}-\dfrac{1}{s+1}$，所以 $f(t)=1-\mathrm{e}^{-t}$.

例 23 已知 $F(s)=\dfrac{1}{s^2+1}\mathrm{e}^{-s}$，求 $f(t)$.

解 $\mathscr{L}^{-1}\left[\dfrac{1}{s^2+1}\right]=\sin t$，$\mathscr{L}^{-1}[\mathrm{e}^{-st_0}\, F(s)]=f(t-t_0)u(t-t_0)$，$t_0=1$，

所以，$f(t)=\mathscr{L}^{-1}\left[\dfrac{1}{s^2+1}\mathrm{e}^{-s}\right]=\sin(t-1)u(t-1)$.

例 24 已知 $F(s)=\dfrac{s^3+s^2-s+5}{s}$，求 $f(t)$.

解 $F(s)=\dfrac{s^3+s^2-s+5}{s}=s^2+s-1+\dfrac{5}{s}$，

所以 $f(t)=\mathscr{L}^{-1}\left[s^2+s-1+\dfrac{5}{s}\right]=\delta''(t)+\delta'(t)-\delta(t)+5$.

例 25 已知 $F(s)=\dfrac{2s+5}{(s+2)^2+9}$，求 $f(t)$.

解 $F(s)=\dfrac{2s+5}{(s+2)^2+9}=\dfrac{2(s+2)}{(s+2)^2+3^2}+\dfrac{1}{3}\dfrac{3}{(s+2)^2+3^2}\quad(a=-2,\ k=3)$，

$f(t)=2\mathrm{e}^{-2t}\cos 3t+\dfrac{1}{3}\mathrm{e}^{-2t}\sin 3t$.

例 26 已知$F(s)=\dfrac{s^2-2}{(s^2+2)^2}$，求$f(t)$.

解 因为$\dfrac{s^2-2}{(s^2+2)^2}=-\dfrac{\mathrm{d}}{\mathrm{d}s}\left(\dfrac{s}{s^2+2}\right)$，所以由微分性质$\mathscr{L}^{-1}[F'(s)]=-t\,f(t)$得

$$f(t)=\mathscr{L}^{-1}[[F(s)]]=\mathscr{L}^{-1}\left[-\frac{\mathrm{d}}{\mathrm{d}s}\left(\frac{s}{s^2+2}\right)\right]=-(-t)\mathscr{L}^{-1}\left[\frac{s}{s^2+2}\right]=t\cos\sqrt{2}t.$$

例 27 已知$F(s)=\ln\dfrac{s-1}{s+1}$，求$f(t)$.

解 $F(s)=\ln\dfrac{s-1}{s+1}=\ln(s-1)-\ln(s+1)$，$F'(s)=\dfrac{1}{s-1}-\dfrac{1}{s+1}$，

$$\mathscr{L}^{-1}[F'(s)]=\mathscr{L}^{-1}\left[\frac{1}{s-1}-\frac{1}{s+1}\right]=\mathrm{e}^t-\mathrm{e}^{-t},$$

所以由微分性质$\mathscr{L}^{-1}[F'(s)]=-tf(t)$，得

$$f(t)=-\frac{1}{t}\mathscr{L}^{-1}[F'(s)]=-\frac{\mathrm{e}^t-\mathrm{e}^{-t}}{t}=\frac{\mathrm{e}^{-t}-\mathrm{e}^t}{t}.$$

例 28 求$\mathscr{L}^{-1}\left[\dfrac{s\,\mathrm{e}^{-2s}}{s^2+16}\right]$.

解 因为 $\mathscr{L}^{-1}\left[\dfrac{s}{s^2+16}\right]=\cos 4t$，

所以
$$\mathscr{L}^{-1}\left[\frac{s\,\mathrm{e}^{-2s}}{s^2+16}\right]=\cos 4(t-2)\cdot u(t-2)$$
$$=\begin{cases}0, & t<2,\\ \cos 4(t-2), & t\geqslant 2.\end{cases}$$

7.3.2 利用留数定理求拉氏逆变换

定理 3 若$s_1,s_2,\cdots,s_n$是函数$F(s)$的所有奇点（适当选取β可以使这些奇点全在$\mathrm{Re}(s)<\beta$的范围内），且当$s\to\infty$时，$F(s)\to 0$，则有

$$f(t)=\frac{1}{2\pi\mathrm{j}}\int_{\beta-\mathrm{j}\infty}^{\beta+\mathrm{j}\infty}F(s)\mathrm{e}^{st}\mathrm{d}s=\sum_{k=1}^{n}\underset{s=s_k}{\mathrm{Res}}\left[F(s)\mathrm{e}^{st}\right].$$

若函数$F(s)=\dfrac{F_1(s)}{F_2(s)}$是有理函数，其中$F_1(s)$，$F_2(s)$为不可约多项式，$F_1(s)$的次数是$m$，$F_2(s)$的次数是$n$，且$m<n$，则$F(s)$满足定理的条件.

（1）若$F_2(s)$有n个单根$s_1,s_2,\cdots,s_n$，而这些点都是$F(s)=\dfrac{F_1(s)}{F_2(s)}$的单极点，根据留数的计算方法，有

$$\operatorname*{Res}_{s=s_k}\left[F(s)\mathrm{e}^{st}\right]==\frac{F_1(s_k)}{F_2'(s_k)}\mathrm{e}^{s_kt},$$

从而
$$f(t)=\sum_{k=1}^{n}\frac{F_1(s_k)}{F_2'(s_k)}\mathrm{e}^{s_kt}\qquad(t>0).$$

（2）若 s_1 是 $F_2(s)$ 的一个 m 阶零点，$s_{m+1},\cdots,s_n$ 是 $F_2(s)$ 的单零点，即 s_1 是 $\dfrac{F_1(s)}{F_2(s)}$ 的 m 阶极点，其他的是它的单极点，根据留数的计算方法，有

$$\operatorname*{Res}_{s=s_k}\left[F(s)\mathrm{e}^{st}\right]=\frac{1}{(m-1)!}\lim_{s\to s_1}\frac{\mathrm{d}^{m-1}}{\mathrm{d}s^{m-1}}\left[(s-s_1)^m\frac{F_1(s)}{F_2(s)}\mathrm{e}^{st}\right],$$

所以
$$f(t)=\sum_{i=m+1}^{n}\frac{F_1(s_i)}{F_2'(s_i)}\mathrm{e}^{s_kt}+\frac{1}{(m-1)!}\lim_{s\to s_1}\frac{\mathrm{d}^{m-1}}{\mathrm{d}s^{m-1}}\left[(s-s_1)^m\frac{F_1(s)}{F_2(s)}\mathrm{e}^{st}\right]\qquad(t>0),$$

上述展开式称为海维赛（Heaviside）展开式.

例 29 求 $F(s)=\dfrac{s}{s^2+1}$ 的逆变换.

解 $F_2(s)=s^2+1$ 有两个单零点 $s_1=\mathrm{j}$，$s_2=-\mathrm{j}$，所以

$$f(t)=\mathscr{L}^{-1}\left[\frac{s}{s^2+1}\right]=\left.\frac{s}{2s}\right|_{s=\mathrm{j}}+\left.\frac{s}{2s}\right|_{s=-\mathrm{j}}=\frac{1}{2}(\mathrm{e}^{\mathrm{j}t}+\mathrm{e}^{-\mathrm{j}t})=\cos t\quad(t>0).$$

例 30 求 $F(s)=\dfrac{1}{s(s-1)^2}$ 的逆变换.

解 $F_2(s)=s(s-1)^2$，$s_1=0$ 为单零点，$s_2=1$ 为二阶零点，于是

$$\begin{aligned}f(t)&=\mathscr{L}^{-1}\left[\frac{1}{s(s-1)^2}\right]=\left.\frac{1}{3s^2-4s+1}\mathrm{e}^{st}\right|_{s=0}+\lim_{s\to1}\frac{\mathrm{d}}{\mathrm{d}s}\left[(s-1)^2\frac{1}{s(s-1)^2}\mathrm{e}^{st}\right]\\&=1+\lim_{s\to1}\frac{\mathrm{d}}{\mathrm{d}s}\left[\frac{1}{s}\mathrm{e}^{st}\right]=1+\lim_{s\to1}\left(\frac{t}{s}\mathrm{e}^{st}-\frac{1}{s^2}\mathrm{e}^{st}\right)=1+t\mathrm{e}^t-\mathrm{e}^t\qquad(t>0).\end{aligned}$$

总之，在今后的实际工作中，应视具体问题而决定采用哪些方法来求拉氏逆变换.

7.4 拉普拉斯变换的应用

7.4.1 常系数线性微分方程的拉普拉斯变换解法

利用拉普拉斯变换可以比较方便地求解常系数线性微分方程（或方程组）的初值问题，其基本步骤如下：

（1）根据拉普拉斯变换的微分性质和线性性质，对微分方程（或方程组）两端取拉普拉斯变换，把微分方程化为象函数的代数方程；

（2）从象函数的代数方程中解出象函数；

（3）对象函数求拉普拉斯逆变换，求得微分方程（或方程组）的解.

这种解法的示意图如图 7.3 所示.

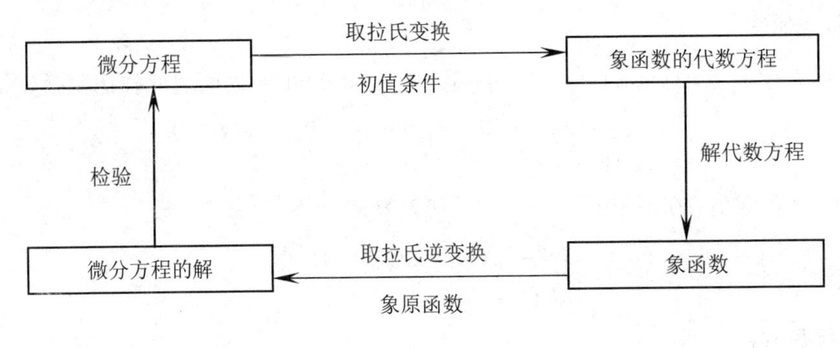

图 7.3

例 31 求微分方程 $y''+2y'-3y=\mathrm{e}^{-t}$ 满足初始条件 $y(0)=0$ ， $y'(0)=1$ 的解.

解 设 $\mathscr{L}[y(t)]=Y(s)$ ，对方程两边取拉氏变换，并考虑到初始条件，则得

$$s^2Y(s)-1+2sY(s)-3Y(s)=\frac{1}{s+1},$$

解得
$$Y(s)=\frac{s+2}{(s+1)(s-1)(s+3)}=\frac{-\frac{1}{4}}{s+1}+\frac{\frac{3}{8}}{s-1}+\frac{-\frac{1}{8}}{s+3},$$

取逆变换得
$$y(t)=-\frac{1}{4}\mathrm{e}^{-t}+\frac{3}{8}\mathrm{e}^{t}-\frac{1}{8}\mathrm{e}^{-3t}.$$

这便是所求的微分方程的解.

例 32 求微分方程 $y''-2y'+2y=2\mathrm{e}^t\cos t$ 满足初始条件 $y(0)=y'(0)=0$ 的解.

解 设 $\mathscr{L}[y(t)]=Y(s)$ ，对方程两边取拉氏变换，得

$$s^2Y(s)-2sY(s)+2Y(s)=\frac{2(s-1)}{(s-2)^2+1},$$

解出 $Y(s)$ ，可得

$$Y(s)=\frac{2(s-1)}{\left[(s-1)^2+1\right]^2}=\frac{2(s-1)}{(s-1)^2+1}\cdot\frac{1}{(s-1)^2+1},$$

取拉氏逆变换，并利用卷积定理，得微分方程的解为

$$y(t)=\mathscr{L}^{-1}[Y(s)]=\mathscr{L}^{-1}\left[\frac{2(s-1)}{(s-1)^2+1}\cdot\frac{1}{(s-1)^2+1}\right]$$

$$=2\,\mathrm{e}^t\cos t*\mathrm{e}^t\sin t=2\int_0^t \mathrm{e}^\tau\cos\tau\ \mathrm{e}^{t-\tau}\sin(t-\tau)\,\mathrm{d}\tau$$

$$=2\mathrm{e}^t\int_0^t\cos\tau\ \sin(t-\tau)\mathrm{d}\tau=t\,\mathrm{e}^t\sin t\,.$$

例 33 求微分方程组 $\begin{cases}x''-2y'-x=0,\\x'-y=0\end{cases}$ 满足初始条件 $x(0)=0$，$x'(0)=1$，$y(0)=1$ 的解.

解 设 $\mathscr{L}[x(t)]=X(s)$，$\mathscr{L}[y(t)]=Y(s)$，对每个方程两边取拉氏变换，得

$$\begin{cases}s^2X(s)-sx(0)-x'(0)-2\left[sY(s)-y(0)\right]-X(s)=0,\\sX(s)-Y(s)=0,\end{cases}$$

将初始条件 $x(0)=0$，$x'(0)=1$，$y(0)=1$ 代入整理得

$$\begin{cases}(s^2-1)X(s)-2sY(s)+1=0,\\sX(s)-Y(s)=0,\end{cases}$$

解此代数方程，得

$$\begin{cases}X(s)=\dfrac{1}{s^2+1},\\Y(s)=\dfrac{s}{s^2+1},\end{cases}$$

取逆变换，得所求的解

$$\begin{cases}x(t)=\sin t,\\y(t)=\cos t.\end{cases}$$

例 34 如图 7.4 所示的机械系统最初是静止的，受一冲击力 $f(t)=A\delta(t)$ 的作用使系统开始运动，求由此产生的振动规律.

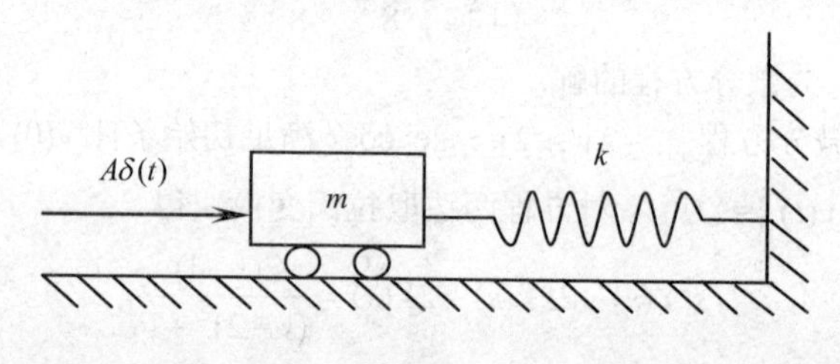

图 7.4

解 设系统振动规律为 $x=x(t)$，当 $t=0$ 时，$x(0)=x'(0)=0$，冲击力 $f(t)=A\delta(t)$，弹性恢复力为 $-kx$（k 为弹性阻尼系数），根据牛顿第二定律，有

$$mx''(t)=A\delta(t)-kx(t)\,,$$

即

$$mx''(t)+kx(t)=A\delta(t)\,.$$

设 $\mathscr{L}\left[x(t)\right]=X(s)$，对方程两边取拉普拉斯变换，可得

$$ms^2X(s)+kX(s)=A\,,$$

于是 $$X(s)=\frac{A}{ms^2+k},$$

取拉普拉斯逆变换，得

$$x(t)=\mathscr{L}^{-1}[X(s)]=\mathscr{L}^{-1}\left[\frac{A}{ms^2+k}\right]=\frac{A}{\sqrt{mk}}\sin\sqrt{\frac{k}{m}}t.$$

此振动规律是振幅为$\frac{A}{\sqrt{mk}}$，角频率为$\sqrt{\frac{k}{m}}$的简谐振动.

7.4.2 线性系统的传递函数

一个物理系统，如果可以用常系数线性微分方程来描述，那么称这个物理系统为线性系统.

线性系统的两个主要概念是激励和响应，通常称输入函数为系统的激励，而输出函数为系统的响应.

在线性系统的分析中，要研究激励和响应同系统本身特性之间的关系，就需要有描述系统本性特征的函数，这个函数称为传递函数. 下面我们以二阶常系数线性微分方程为例来讨论这一问题.

设线性系统可由$y''+a_1y'+a_0y=f(t)$来描述. 其中a_0,a_1为常数，$f(t)$为激励，$y(t)$为响应，并且系统的初值条件为$y(0)=y_0$，$y'(0)=y_1$.

对方程两端取拉普拉斯变换，并设$\mathscr{L}[y(t)]=Y(s)$，$\mathscr{L}[f(t)]=F(s)$，则有

$$\left[s^2Y(s)-sy(0)-y'(0)\right]+\left[sY(s)-y(0)\right]+a_0Y(s)=F(s),$$

即 $$(s^2+a_1s+a_0)Y(s)=F(s)+(s+a_1)y_0+y_1.$$

令 $$G(s)=\frac{1}{s^2+a_1s+a_0},\quad B(s)=(s+a_1)y_0+y_1,$$

上式可化为 $$Y(s)=G(s)F(s)+G(s)B(s).$$

显然，$G(s)$描述了系统本身的特征，且与激励和系统的初始状态无关，我们称它为系统传递函数.

如果初值条件全为零，则$B(s)=0$，于是$G(s)=\frac{Y(s)}{F(s)}$. 说明在零初值条件下，线性系统的传递函数等于其响应（输出函数）的拉普拉斯变换与其激励（输入函数）的拉普拉斯变换之比.

当激励是一个单位脉冲函数，即$f(t)=\delta(t)$时，在零初值条件下，由于$F(s)=\mathscr{L}[\delta(t)]=1$，于是得，$Y(s)=G(s)$，即$y(t)=\mathscr{L}^{-1}[G(s)]$，这时称$y(t)$为系统的脉冲响应函数.

在零初值条件下，令$s=\mathrm{j}\omega$，代入系统的传递函数$G(s)$中，则可得$G(\mathrm{j}\omega)$，称$G(\mathrm{j}\omega)$为系统的频率特征函数，简称为频率响应.

线性系统的传递函数、脉冲响应函数、频率响应是表征线性系统的几个重要特征量.

例 35 求 RC 串列闭合电路 $RC\dfrac{\mathrm{d}u_C(t)}{\mathrm{d}t}+u_C(t)=f(t)$ 的传递函数、脉冲响应函数和频率响应.

解 系统的传递函数为

$$G(s)=\frac{1}{RCs+1}=\frac{1}{RC\left(s+\frac{1}{RC}\right)},$$

电路的脉冲响应函数为

$$u_C(t)=\mathscr{L}^{-1}[G(s)]=\mathscr{L}^{-1}\left[\frac{1}{RC\left(s+\frac{1}{RC}\right)}\right]=\frac{1}{RC}\mathrm{e}^{-\frac{1}{RC}t},$$

令 $s=\mathrm{j}\omega$，代入传递函数 $G(s)$ 中，则可得频率响应

$$G(\mathrm{j}\omega)=\frac{1}{RC\mathrm{j}\omega+1}.$$

本章小结

1．拉普拉斯变换的定义

$$F(s)=\int_0^{+\infty}f(t)\mathrm{e}^{-st}\mathrm{d}t\text{；}\qquad f(t)=\frac{1}{2\pi\mathrm{j}}\int_{\beta-\mathrm{j}\infty}^{\beta+\mathrm{j}\infty}F(s)\mathrm{e}^{st}\mathrm{d}s\text{；}$$

$$F(s)=\mathscr{L}[f(t)]\text{；}\qquad f(t)=\mathscr{L}^{-1}[F(s)]\text{；}$$

$$\int_0^{+\infty}f(t)\mathrm{e}^{-at}\mathrm{d}t=\int_0^{+\infty}f(t)\mathrm{e}^{-st}\mathrm{d}t\Big|_{s=a}=F(s)\Big|_{s=a}\quad(a\text{为实常数}).$$

2．周期函数的拉普拉斯变换公式

若 $f(t)$ 是周期为 T 的周期函数，即 $f(t+T)=f(t)$（$t>0$）. 当 $f(t)$ 在一个周期上连续或分段连续时，则有

$$\mathscr{L}[f(t)]=\frac{1}{1-\mathrm{e}^{-sT}}\int_0^T f(t)\mathrm{e}^{-st}\mathrm{d}t\qquad(\mathrm{Re}(s)>0).$$

3．常见的拉普拉斯变换对

$f(t)$	$F(s)$	$f(t)$	$F(s)$
$\delta(t)$	1	$\delta^{(n)}(t)$	s^n
$u(t)$	$\frac{1}{s}$	e^{kt}	$\frac{1}{s-k}$
$\sin kt$	$\frac{k}{s^2+k^2}$	$\cos kt$	$\frac{s}{s^2+k^2}$
$\gamma(t)$	$\frac{1}{s^2}$	t^n（n 为正整数）	$\frac{n!}{s^{n+1}}$

4．拉普拉斯变换的性质

若α,β为常数，且$\mathscr{L}[f(t)]=F(s)$，$\mathscr{L}[f_1(t)]=F_1(s)$，$\mathscr{L}[f_2(t)]=F_2(s)$，

（1）$\mathscr{L}[\alpha f_1(t)+\beta f_2(t)]=\alpha\mathscr{L}[f_1(t)]+\beta\mathscr{L}[f_2(t)]$；

$\mathscr{L}^{-1}[\alpha F_1(s)+\beta F_2(s)]=\alpha\mathscr{L}^{-1}[F_1(s)]+\beta\mathscr{L}^{-1}[F_2(s)]$；

（2）$\mathscr{L}[f(at)]=\dfrac{1}{a}F\left(\dfrac{s}{a}\right)$，$\mathscr{L}^{-1}\left[F\left(\dfrac{s}{a}\right)\right]=af(at)$；

（3）$\mathscr{L}[f(t-t_0)u(t-t_0)]=\mathrm{e}^{-st_0}F(s)$，

$\mathscr{L}^{-1}[\mathrm{e}^{-st_0}F(s)]=f(t-t_0)u(t-t_0)$；

（4）$\mathscr{L}[f(t)\mathrm{e}^{at}]=F(s-a)$，$\mathscr{L}^{-1}[F(s-a)]=f(t)\mathrm{e}^{at}$；

（5）$\mathscr{L}[f'(t)]=sF(s)-f(0)$，

$\mathscr{L}[f^{(n)}(t)]=s^nF(s)-s^{n-1}f(0)-s^{n-2}f'(0)-\cdots\cdots-f^{(n-1)}(0)$；

（6）$\mathscr{L}[tf(t)]=-F'(s)$，$\mathscr{L}^{-1}[F'(s)]=-tf(t)$；

（7）$\mathscr{L}\left[\int_0^t f(t)\mathrm{d}t\right]=\dfrac{F(s)}{s}$，$\mathscr{L}^{-1}\left[\dfrac{F(s)}{s}\right]=\int_0^t f(t)\mathrm{d}t$；

（8）$\mathscr{L}\left[\dfrac{f(t)}{t}\right]=\int_s^{\infty}F(s)\mathrm{d}s$，$f(t)=t\mathscr{L}^{-1}\left[\int_s^{\infty}F(s)\mathrm{d}s\right]$；

（9）$\mathscr{L}[f(t)]=F(s)$，且积分$\int_s^{\infty}F(s)\mathrm{d}s$收敛，则$\int_0^{+\infty}\dfrac{f(t)}{t}\mathrm{d}t=\int_0^{\infty}F(s)\mathrm{d}s$；

（10）卷积　$f_1(t)*f_2(t)=\int_0^t f_1(\tau)f_2(t-\tau)\mathrm{d}\tau$，

$\mathscr{L}[f_1(t)*f_2(t)]=F_1(s)F_2(s)$，$\mathscr{L}^{-1}[F_1(s)F_2(s)]=f_1(t)*f_2(t)$．

5．拉普拉斯逆变换的求法

（1）留数法．若$s_1,s_2,\cdots,s_n$是函数$F(s)$的所有奇点（适当选取β可以使这些奇点全在$\mathrm{Re}(s)<\beta$的范围内），且当$s\to\infty$时，$F(s)\to 0$，则有

$$f(t)=\frac{1}{2\pi\mathrm{j}}\int_{\beta-\mathrm{j}\infty}^{\beta+\mathrm{j}\infty}F(s)\mathrm{e}^{st}\mathrm{d}s=\sum_{k=1}^{n}\operatorname*{Res}_{s=s_k}\left[F(s)\mathrm{e}^{st}\right]；$$

（2）性质和查表法．

6．拉普拉斯变换的应用

（1）解常微分方程；

（2）线性系统的传递函数．

习题 7

1．求下列函数的拉氏变换．

（1）$f(t)=\begin{cases} 3, & t<\dfrac{\pi}{2}, \\ \cos t, & t>\dfrac{\pi}{2}; \end{cases}$

（2）$f(t)=\begin{cases} 3, & 0\leqslant t<2, \\ -1, & 2\leqslant t<4, \\ 0, & t\geqslant 4. \end{cases}$

2．求下列函数的拉氏变换．

（1）$f(t)=\sin\dfrac{t}{2}$；（2）$f(t)=\mathrm{e}^{-2t}$；

（3）$f(t)=t^2$；（4）$f(t)=u(t)$．

3．设 $f(t)$ 是以 2π 为周期的周期函数，且在一个周期内的表达式为

$$f(t)=\begin{cases} \sin t, & 0<t\leqslant\pi, \\ 0, & \pi<t\leqslant 2\pi, \end{cases}$$

求$\mathscr{L}[f(t)]$．

4．求图 7.5、图 7.6 所示的周期函数的拉氏变换．

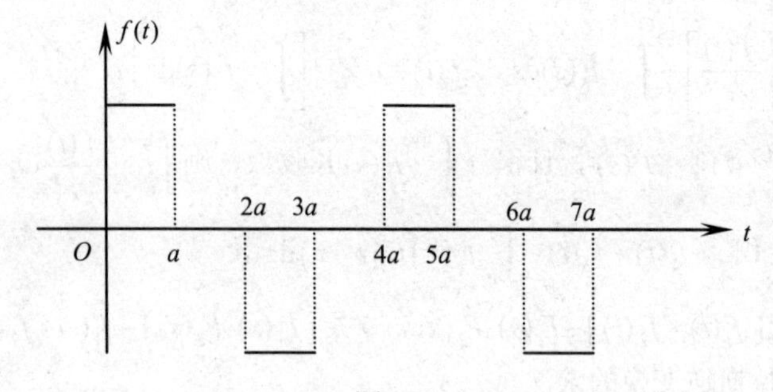

图 7.5

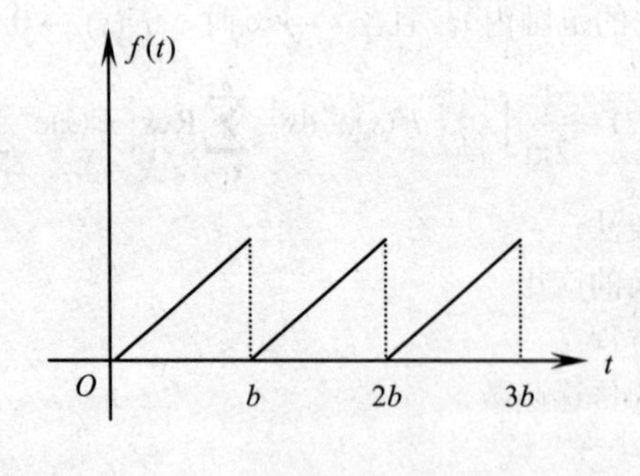

图 7.6

5．求下列函数的拉氏变换 $F(s)$．

（1）$f(t)=\mathrm{e}^{2t}+5\delta(t)$；（2）$f(t)=\cos t\delta(t)-u(t)\sin t$；

(3) $f(t)=t^2+3t+2$；

(4) $f(t)=1-te^t$；

(5) $f(t)=(t-1)^2e^t$；

(6) $f(t)=t^n e^{at}$；

(7) $f(t)=e^{-t}\cos 4t$；

(8) $f(t)=e^{-2t}\sin 6t$；

(9) $f(t)=t\cos at$；

(10) $f(t)=\dfrac{t}{2a}\sin at$ $(a\neq 0)$；

(11) $f(t)=u(1-e^{-t})$；

(12) $f(t)=u(3t-5)$；

(13) $f(t)=tu(t-1)$；

(14) $f(t)=2u(t-1)+3u(t-2)$.

6．求下列函数的拉氏变换 $F(s)$.

(1) $f(t)=te^{-3t}\sin 2t$；

(2) $f(t)=t\displaystyle\int_0^t e^{-3t}\sin 2t\mathrm{d}t$；

(3) $f(t)=\displaystyle\int_0^t te^{-3t}\sin 2t\mathrm{d}t$；

(4) $f(t)=\dfrac{\sin kt}{t}$；

(5) $f(t)=\dfrac{e^{-3t}\sin 2t}{t}$；

(6) $f(t)=\displaystyle\int_0^t \frac{e^{-3t}\sin 2t}{t}\mathrm{d}t$.

7．求下列函数的拉氏逆变换 $f(t)$.

(1) $F(s)=\dfrac{1}{s+3}$；

(2) $F(s)=\dfrac{1}{s^4}$；

(3) $F(s)=\dfrac{1}{s(s-a)}$；

(4) $F(s)=\dfrac{s+3}{(s+1)(s-3)}$；

(5) $F(s)=\dfrac{1}{s^2+4}$；

(6) $F(s)=\dfrac{1}{s(s^2+4)}$；

(7) $F(s)=\dfrac{1}{(s^2+9)(s^2+4)}$；

(8) $F(s)=\dfrac{2s+3}{s^2+9}$；

(9) $F(s)=\dfrac{1}{s^2+2s+2}$；

(10) $F(s)=\dfrac{1}{(s+4)^4}$；

(11) $F(s)=\dfrac{s}{(s^2+1)(s^2+4)}$；

(12) $F(s)=\dfrac{s+1}{(s-1)(s+2)^2}$.

8．计算下列广义积分.

(1) $\displaystyle\int_0^{+\infty}\frac{e^{-t}-e^{-2t}}{t}\mathrm{d}t$；

(2) $\displaystyle\int_0^{+\infty}e^{-t}\frac{1-\cos t}{t}\mathrm{d}t$；

(3) $\displaystyle\int_0^{+\infty}\frac{e^{-t}\sin^2 t}{t}\mathrm{d}t$；

(4) $\displaystyle\int_0^{+\infty}e^{-3t}\cos 2t\mathrm{d}t$；

(5) $\displaystyle\int_0^{+\infty}t^3e^{-t}\mathrm{d}t$；

(6) $\displaystyle\int_0^{+\infty}te^{-t}\sin t\mathrm{d}t$.

9．求下列函数的拉氏逆变换 $f(t)$.

(1) $F(s)=\dfrac{se^{-5s}}{s^2+4}$；

(2) $F(s)=\dfrac{e^{-2s}}{(s+1)^3}$；

(3) $F(s)=\dfrac{1}{(s^2+1)s^3}$；

(4) $F(s)=\dfrac{s^2+2a^2}{(s^2+a^2)^2}$；

（5）$F(s)=\dfrac{1}{(s^2+2s+2)^2}$；

（6）$F(s)=\dfrac{s^2+4s+4}{(s^2+4s+13)^2}$；

（7）$F(s)=\dfrac{s+2}{(s^2+4s+5)^2}$；

（8）$F(s)=\ln\dfrac{s^2-1}{s^2}$；

（9）$F(s)=\ln\dfrac{s+1}{s-1}$；

（10）$F(s)=\arctan\dfrac{1}{s}$.

10．求函数在$[0,+\infty)$上的卷积.

（1）$1*1$；

（2）$t*\mathrm{e}^t$；

（3）$\sin t*\cos t$；

（4）$t*t$；

（5）$t*\cos t$；

（6）$\delta(t-a)*f(t)$（$a>0$）.

11．求下列微分方程和微分方程组的解.

（1）$y''+4y'+3y=\mathrm{e}^{-t}$，$y(0)=y'(0)=1$；

（2）$y'''+3y''+3y'+y=1$，$y(0)=y'(0)=y''(0)=0$；

（3）$y''+3y'+2y=u(t-1)$，$y(0)=0$，$y'(0)=1$；

（4）$y''-y=4\sin t+5\cos 2t$，$y(0)=-1$，$y'(0)=-2$；

（5）$y''-2y'+2y=2\mathrm{e}^t\cos t$，$y(0)=y'(0)=0$；

（6）$y'''+y'=\mathrm{e}^{2t}$，$y(0)=y'(0)=y''(0)=0$；

（7）$y^{(4)}+y'''=\cos t$，$y(0)=y'(0)=y'''(0)=0$，$y''(0)=c$（c为常数）；

（8）$\begin{cases}x'+x-y=\mathrm{e}^t,\\ y'+3x-2y=2\mathrm{e}^t,\end{cases}$ $x(0)=y(0)=1$；

（9）$\begin{cases}x+x'-y'=u(t-1), & x(0)=x'(0)=0,\\ y'+x''-y''=\delta(t-1), & y(0)=y'(0)=0;\end{cases}$

（10）$\begin{cases}x''-x+y+z=0,\\ x+y''-y+z=0,\\ x+y+z''-z=0,\end{cases}$ $x(0)=1$，$y(0)=z(0)=x'(0)=y'(0)=z'(0)=0$.

12．解下列微分积分方程.

（1）$y(t)+\int_0^t y(\tau)\mathrm{d}\tau=\mathrm{e}^{-t}$；

（2）$y'(t)+\int_0^t y(\tau)\mathrm{d}\tau=1$，$y(0)=1$；

（3）$y(t)=at+\int_0^t \sin(t-\tau)y(\tau)\mathrm{d}\tau$（$a\neq 0$）；

（4）$y(t)=at+\int_0^t \sin(t-\tau)\mathrm{d}\tau$.

13．设在原点处质量为m的一个质点在$t=0$时在x方向上受到冲击力$k\delta(t)$的作用，其中k为常数，假定质点的初速度为零，求其运动规律.

14. 有如图 7.7 所示的 RL 串联电路，在 $t=t_0$ 时将电路接上直流电源 E，求电路中电流 $i(t)$.

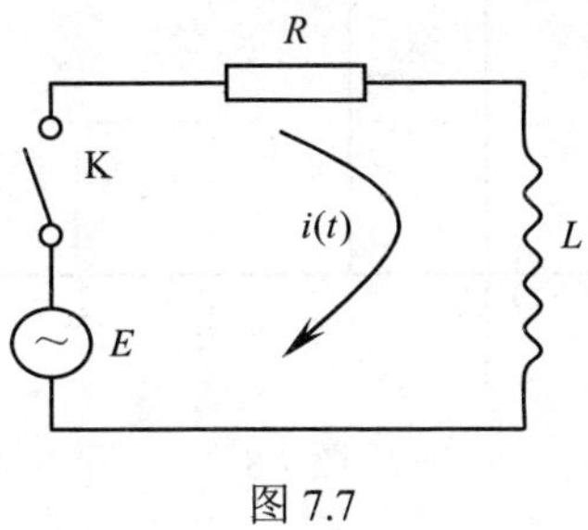

图 7.7

自测题 7

一、填空题

1. $\mathscr{L}[\delta(t)]=$______________.

2. $\mathscr{L}[\sin 2t]=$______________.

3. $\mathscr{L}[\mathrm{e}^{\mathrm{j}t}\cos 2t]=$______________.

4. $\mathscr{L}[t\cos t]=$______________.

5. $\mathscr{L}[t\mathrm{e}^{t}]=$______________.

6. $\mathscr{L}\left[\int_0^t t\mathrm{e}^t\mathrm{d}t\right]=$______________.

7. $\mathscr{L}^{-1}\left[\dfrac{1}{(s-1)^{10}}\right]=$______________.

8. $\mathscr{L}^{-1}[s^5+10]=$______________.

9. $\mathscr{L}^{-1}\left[\dfrac{s}{s+2}\right]=$______________.

10. 求以 T 为周期的函数 $f(t)$ 的拉氏变换公式是 $\mathscr{L}[f(t)]=$______________.

二、已知 $f(t)=\mathrm{e}^{-t}+\cos(t-1)u(t-1)-t\sin t-\delta(t-2)$，求 $\mathscr{L}[f(t)]$.

三、已知函数 $f(t)$ 的图像如图 7.8 所示，用 $u(t)$ 和 $\delta(t)$ 函数表示 $f(t)$，并求 $\mathscr{L}[f(t)]$.

四、已知 $F(s)=\dfrac{s^2+s-1}{(s^2+1)(s-2)}$，求 $f(t)$.

五、已知 $F(s)=\dfrac{2s+5}{s^2+4s+13}$，求 $f(t)$.

六、用拉氏变换法解常微分方程 $y''-2y'+y=-2\cos t$， $y(0)=0$, $y'(0)=1$.

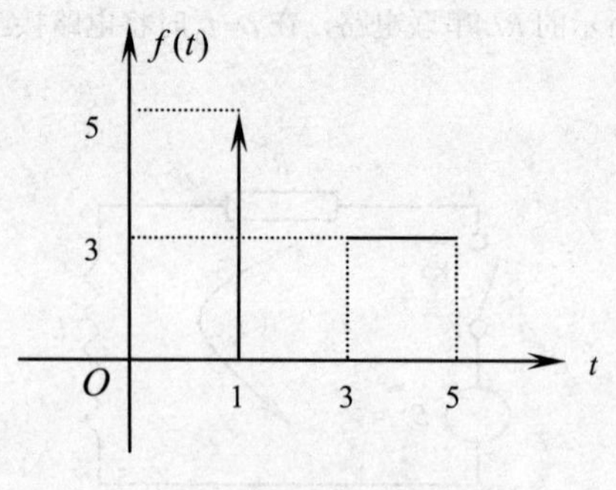

图 7.8

七、用拉氏变换法解方程 $y'(t)+4\int_0^t y(t-\tau)\,\mathrm{d}\tau = u(t-2)$， $y(0)=3$.

八、已知 $F(s)=\ln\dfrac{s^2+1}{s-2}$，求 $f(t)$.

附录 1　复变函数习题与自测题提示与答案

习题 1 答案

1．（1）$-\frac{3}{10}+\frac{3}{10}\mathrm{i}$；　　（2）$-\frac{7}{5}-\frac{1}{5}\mathrm{i}$；

2．（1）$2,\ \frac{\pi}{6},\ \sqrt{3}-\mathrm{i}$；　　（2）$\sqrt{2},\ \frac{3\pi}{4},\ -1+\mathrm{i}$．

3．（1）$2\sqrt{2}\left(\cos\frac{\pi}{4}+\mathrm{i}\sin\frac{\pi}{4}\right)=2\sqrt{2}\mathrm{e}^{\frac{\pi}{4}\mathrm{i}}$；

（2）$2\left[\cos\left(-\frac{\pi}{3}\right)+\mathrm{i}\sin\left(-\frac{\pi}{3}\right)\right]=2\mathrm{e}^{-\frac{\pi}{3}\mathrm{i}}$；

（3）$3\left(\cos\frac{\pi}{2}+\mathrm{i}\sin\frac{\pi}{2}\right)=3\mathrm{e}^{\frac{\pi}{2}\mathrm{i}}$；

（4）$\cos\pi+\mathrm{i}\sin\pi=\mathrm{e}^{\pi\mathrm{i}}$．

4．（1）$0,\ -1,\ 1$；　　（2）$0,\ -1,\ 1$；

（3）$2(1-\sqrt{3}),\ 4+\sqrt{3},\ \sqrt{35}$；　　（4）$-\frac{3}{10},\ \frac{1}{10},\ \frac{\sqrt{10}}{10}$．

5．（1）32；　（2）-4；　（3）$\sqrt[8]{2}\mathrm{e}^{\mathrm{i}(\frac{\pi}{16}+\frac{2k\pi}{4})}\ (k=0,1,2,3)$；

（4）$\sqrt[6]{2}\left(\cos\frac{-\frac{\pi}{2}+2k\pi}{6}+\mathrm{i}\sin\frac{-\frac{\pi}{2}+2k\pi}{6}\right)\ (k=0,1,\cdots,5)$．

6．$w_0=\frac{3}{2}+\frac{3\sqrt{3}}{2}\mathrm{i},\ w_1=-3,\ w_2=\frac{3}{2}-\frac{3\sqrt{3}}{2}\mathrm{i}$．

7．（1）有界闭区域；　（2）（3）无界开区域；　（5）（6）无界闭区域；

（7）有界开区域．

8．（1）表示以点$\left(-\frac{5}{3},0\right)$为圆心，$\frac{4}{3}$为半径的圆周；

（2）当$a\neq 0$时，表示等轴双曲线，其方程为$x^2-y^2=a$，当$a=0$时，表示$y=\pm x$的一对直线；

（3）当$a\neq 0$时，表示等轴双曲线，其方程为$2xy=a$，当$a=0$时，表示实轴与虚轴；

（4）表示以a与b为焦点的椭圆；

（5）表示线段z_1z_2的垂直平分线；

（6）表示单位圆周$|z|=1$．

9.（1）点 z 位于以点 $\left(\frac{1}{2},0\right)$ 为圆心，$\frac{1}{2}$ 为半径的圆内，它是区域；

（2）点 z 位于复平面内除去负实轴上的点，它是无界区域；

（3）点 z 位于单位圆内：$|z|<1$，它是有界单连通区域；

（4）点 z 位于单位圆外：$|z|>1$，它是无界区域；

（5）点 z 位于以直线 $x=\frac{5}{2}$ 为边界的左半平面，其边界也包括在内，如果认为 ∞ 点也包括在内，它就是闭区域；

（6）点 z 位于以点 $-2\mathrm{i}$ 为顶点，两边分别与实轴成角度为 $\frac{\pi}{6}$ 及 $\frac{\pi}{2}$ 的角域内，它是无界区域.

10. $f(z)=x^3-3xy^2+x+1+\mathrm{i}(y+3x^2y-y^3)$.

11. $f(z)=z^2+2\mathrm{i}z$.

12.（1）0；（2）$8\mathrm{i}$.

13. 提示：取路径 $y=kx$（k 为实常数）.

14.（1）定义域是复平面，连续；（2）定义域是复平面除去 $z=2$ 一点，连续.

15. $z=\pm 2\mathrm{i}$ 时，$f(z)$ 不连续，补充定义 $f(\pm 2\mathrm{i})=\pm 6\mathrm{i}-2$.

16. 提示：$f(z)=u(x,y)+\mathrm{i}v(x,y)$，$\overline{f(z)}=u(x,y)-\mathrm{i}v(x,y)$.

自测题 1 答案

一、1. $\frac{3}{2}-\frac{5}{2}\mathrm{i}$，$\frac{\sqrt{34}}{2}$，$-\arctan\frac{5}{3}$.　2. $-\frac{1}{2}$，$-\frac{3}{2}$，$-\frac{1}{2}+\frac{3}{2}\mathrm{i}$.

3. $\sqrt{2}\left[\cos\left(-\frac{\pi}{4}\right)+\mathrm{i}\sin\left(-\frac{\pi}{4}\right)\right]=\sqrt{2}\mathrm{e}^{(-\frac{\pi}{4}\mathrm{i})}$.　4. $|z|=1$ 或 $\mathrm{Im}\,z=0$.　5. 不变，减小 $\frac{\pi}{2}$.

二、1. C.　2. B.　3. A.　4. B.　5. D.

三、1.（1）-3，2，$-3-2\mathrm{i}$，$\sqrt{13}$，$\pi+\arctan\frac{3}{2}$；

（2）$\frac{3}{5}$，$\frac{6}{5}$，$\frac{3}{5}-\frac{6}{5}\mathrm{i}$，$\frac{3\sqrt{5}}{5}$，$\arctan 2$；

（3）$-\frac{3}{2}$，$-\frac{1}{2}$，$-\frac{3}{2}+\frac{1}{2}\mathrm{i}$，$\frac{\sqrt{10}}{2}$，$-\pi+\arctan\frac{1}{3}$；

（4）1，-3，$1+3\mathrm{i}$，$\sqrt{10}$，$-\arctan 3$.

2.（1）$5(\cos\theta+\mathrm{i}\sin\theta)=5\mathrm{e}^{\mathrm{i}\theta}$，$\theta=-\pi+\arctan\frac{4}{3}$；

（2）$\cos\frac{\pi}{2}+\mathrm{i}\sin\frac{\pi}{2}=\mathrm{e}^{\mathrm{i}\frac{\pi}{2}}$；（3）$2\left(\cos\frac{\pi}{3}+\mathrm{i}\sin\frac{\pi}{3}\right)=2\mathrm{e}^{\frac{\pi}{3}\mathrm{i}}$；

（4）$2(\cos\pi+\mathrm{i}\sin\pi)=2\mathrm{e}^{\mathrm{i}\pi}$.

3. $x=1$，$y=11$.

4.（1）$32\mathrm{i}$；（2）$w_0=\frac{\sqrt{3}}{2}+\frac{\mathrm{i}}{1}$，$w_1=\mathrm{i}$，$w_2=-\frac{\sqrt{3}}{2}+\frac{\mathrm{i}}{2}$，$w_3=-\frac{\sqrt{3}}{2}-\frac{\mathrm{i}}{2}$，

$w_4=-\mathrm{i}$，$w_5=\frac{\sqrt{3}}{2}-\frac{\mathrm{i}}{2}$，$w_k=\cos\frac{\pi+2k\pi}{6}+\mathrm{i}\sin\frac{\pi+2k\pi}{6}$（$k=0,1,2,3,4,5$）.

（3）$\frac{3}{8}+\frac{3\sqrt{3}}{8}\mathrm{i}$；（4）$w_0=\sqrt[6]{2}\left(\cos\frac{\pi}{12}-\mathrm{i}\sin\frac{\pi}{12}\right)$，$w_1=\sqrt[6]{2}\left(\cos\frac{7}{12}\pi+\mathrm{i}\sin\frac{7}{12}\pi\right)$，

$w_2=\sqrt[6]{2}\left(\cos\frac{5}{4}\pi+\mathrm{i}\sin\frac{5}{4}\pi\right)$，$w_k=\sqrt[6]{2}\left[\cos\frac{-\frac{\pi}{4}+2k\pi}{3}+\mathrm{i}\sin\frac{-\frac{\pi}{4}+2k\pi}{3}\right]$（$k=0,1,2$）.

（5）$-\frac{1}{2}+\frac{\sqrt{3}}{2}\mathrm{i}$，$-1$.

5. $1+\sqrt{3}\mathrm{i}$，-2，$1-\sqrt{3}\mathrm{i}$，$z^3+8=(z+2)(z-1-\sqrt{3}\mathrm{i})(z-1+\sqrt{3}\mathrm{i})$.

6.（1）$(x-2)^2+(y-1)^2=9$；（2）$y=-\frac{x}{2}$；

（3）$xy=1$（$x>0$，$y>0$）；（4）$\frac{x^2}{a^2}-\frac{y^2}{b^2}=1$.

7. 2.

8. 在点 $z=0$ 不连续，其他点都连续.

习题 2 答案

1.（1）（2）导数均不存在.

2.（1）在 $z=0$ 可微；（2）在直线 $\sqrt{3}x\pm\sqrt{2}y=0$ 上可微.

3.（1）$5(z-1)^5$；（2）$3z^2+2\mathrm{i}$；（3）$\frac{-2z}{(z^2-1)^2}$（$z\neq\pm1$）；

（4）$1-2z$；（5）$\frac{2}{(1-z)^2}$；（6）$12(3z^2+2)z$.

4. 0.

5.（1）$y=x$ 时，$f'(z)=2x$；（2）$f'(0)=0$.

6.（1）在直线 $x=\frac{1}{2}$ 上可导，但在复平面上处处不解析；

（2）在 $6x+3y=0$ 和 $6x-3y=0$ 上可导，处处不解析；

（3）处处可导，处处解析.

7.（1）复平面上满足 C-R 条件；（2）复平面上除原点 $z=0$ 均满足 C-R 条件；

（3）复平面上处处不满足 C-R 条件；（4）复平面上只有 $z=0$ 才满足 C-R 条件.

8.（1）在复平面上处处解析，$f'(z)=9z^2-2z\mathrm{i}+5$；

（2）在复平面上处处解析，$f'(z)=2(z+3\mathrm{i})$；

（3）在复平面上除 $z=\mathrm{i}$ 及 $z=-\mathrm{i}$ 两点外处处解析，且 $f'(z)=-\dfrac{2z}{(z^2+1)^2}$.

9.（1）$z=0,\pm\mathrm{i}$；（2）$z=0$；（3）$z=-2,1$；

（4）$z=1$，$z=3\mathrm{i}$，$z=-3\mathrm{i}$；（5）$z=x$ $(x\leqslant -1)$；（6）$z=1$.

10. $a=2$，$b=-1$，$c=-1$，$d=2$.

11.（1）$f'(z)=2z$；（2）$f'(z)=2f(z)$.

12. 提示：$u=\mathrm{e}^x\cos y$，$v=-\mathrm{e}^x\sin y$，利用 C-R 条件，考虑 $\mathrm{e}^x\neq 0$，$\cos y$，$\sin y$ 不同时为0.

13.（1）$\dfrac{1}{2}\ln 2+\dfrac{\pi}{4}\mathrm{i}+2k\pi\mathrm{i}$；（2）$-\dfrac{\pi}{2}\mathrm{i}+2k\pi\mathrm{i}$；

（3）$\ln 5-\mathrm{i}\arctan\dfrac{4}{3}+(2k+1)\pi\mathrm{i}$ $(k=0,\pm1,\pm2,\cdots)$.

14.（1）$-\mathrm{i}$；（2）$-\mathrm{ie}$；（3）$\mathrm{e}^3(\cos 1+\mathrm{i}\sin 1)$；（4）$\mathrm{ie}^{\left(2k-\frac{1}{2}\right)\pi}$；

（5）$\mathrm{e}^{\left(2k-\frac{1}{4}\right)\pi}\left(\cos\dfrac{\ln 2}{2}+\mathrm{i}\sin\dfrac{\ln 2}{2}\right)$；

（6）$\mathrm{e}^{2k\pi}(\cos\ln 3+\mathrm{i}\sin\ln 3)$ $(k=0,\pm1,\pm2,\cdots)$.

15.（1）$\dfrac{\mathrm{i}}{2}\left(\mathrm{e}-\dfrac{1}{\mathrm{e}}\right)$；（2）$\dfrac{1}{2}\left[\left(\mathrm{e}+\dfrac{1}{\mathrm{e}}\right)\cos 1-\mathrm{i}\left(\mathrm{e}-\dfrac{1}{\mathrm{e}}\right)\sin 1\right]$；

（3）$\dfrac{\sin 4+\mathrm{i}\sin 2}{2(\cos^2 1+\mathrm{sh}^2 1)}$；（4）$\cos 1$；（5）$\mathrm{i}\sin 1\,\mathrm{ch}\,2-\cos 1\,\mathrm{sh}\,2$；

（6）$\dfrac{\mathrm{e}^y+\mathrm{e}^{-y}}{2}\sin x+\mathrm{i}\dfrac{\mathrm{e}^y-\mathrm{e}^{-y}}{2}\cos x$ 或 $\mathrm{ch}\,y\sin x+\mathrm{i}\,\mathrm{sh}\,y\cos x$；

（7）$\dfrac{\mathrm{e}^y+\mathrm{e}^{-y}}{2}\cos x-\mathrm{i}\dfrac{\mathrm{e}^y-\mathrm{e}^{-y}}{2}\sin x$ 或 $\mathrm{ch}\,y\cos x-\mathrm{i}\,\mathrm{sh}\,y\sin x$.

16.（1）$\left(2k+\dfrac{1}{2}\right)\pi-\mathrm{i}\ln(3\pm2\sqrt{2})$；

（2）$2k\pi-\mathrm{i}\ln(\sqrt{2}-1)$，$(2k+1)\pi-\mathrm{i}\ln(\sqrt{2}+1)$ $(k=0,\pm1,\pm2,\cdots)$；

（3）$2k\pi+\arctan\sqrt[4]{2}-\mathrm{i}\left[\ln(1+\sqrt[4]{2})+\dfrac{1}{2}\ln(1+\sqrt{2})\right]$，

$(2k+1)\pi-\arctan\sqrt[4]{2}-\mathrm{i}\left[\ln(\sqrt[4]{2}-1)+\dfrac{1}{2}\ln(1+\sqrt{2})\right]$；

（4）$k\pi+\dfrac{\mathrm{i}}{2}\ln 2$；

（5）$k\pi+\dfrac{1}{2}\arctan 2+\dfrac{\mathrm{i}}{4}\ln 5$；

（6）$\left(\dfrac{\pi}{4}+k\pi\right)\mathrm{i}$ $(k=0,\pm1,\pm2,\cdots)$.

17．$z=\ln 2+\mathrm{i}\left(\frac{\pi}{3}+2k\pi\right)$（$k=0,\pm 1,\cdots$）．

18．提示：$z=\frac{1}{\mathrm{i}}\mathrm{Ln}(2\mathrm{i}\pm\mathrm{i}\sqrt{3})=\cdots=\left(2k\pi+\frac{1}{2}\pi\right)\pm\mathrm{i}\ln(2+\sqrt{3})$（$k=0,\pm 1,\cdots$）．

自测题 2 答案

一、1．区域内，某一点．　2．满足 C-R 条件．　3．$u(x,y)$ 与 $v(x,y)$ 在 D 内可微且满足 C-R 条件．　4．奇点．

二、1．A　2．D　3．B　4．A

三、1．（1）处处不可导；　（2）处处可导，$2z+2$；　（3）除 $z=\pm\mathrm{i}$ 可导，$\frac{-z^2+4z+1}{(z^2+1)^2}$．

2．（1）只有在原点 $z=0$ 处可导，在复平面上处处不解析；

（2）只有在 $y=x$ 上可导，在复平面上处处不解析；

（3）只有在 $\sqrt{2}x=\pm\sqrt{3}y$ 上可导，在复平面上处处不解析．

3．提示：利用可微函数的充要条件可得．$m=1$，$n=l=-3$．

4．（1）$z=0$，$z=\pm\mathrm{i}$；　　（2）$z=\pm\mathrm{i}$，$z=-1$．

5．（1）$\ln 5+\mathrm{i}\left(\pi-\arctan\frac{4}{3}\right)$；（2）$\mathrm{e}\cos 1+\mathrm{i}\mathrm{e}\sin 1$；（3）$\frac{\sqrt{2}}{2}\mathrm{e}^{\frac{1}{4}}(1+\mathrm{i})$；

（4）$\cos 2\,\mathrm{ch}1+\mathrm{i}\sin 2\,\mathrm{sh}1$；（5）$\mathrm{e}^{\frac{\pi}{2}+2k\pi}$　（$k=0,\pm 1,\cdots$）；（6）$\frac{1}{2}(\mathrm{e}^{-1}-\mathrm{e})$．

6．（1）$u=2x^3-6xy^2-3y$，$v=6x^2y-2y^3+3x$，满足 C-R 条件，在复平面上处处解析；

（2）$u=x\sqrt{x^2+y^2}$，$v=y\sqrt{x^2+y^2}$，在 $z=0$ 处可导，其他点都不可导，在复平面上处处不解析；

（3）$u=x^2-y^2-2x+1$，$v=0$，只有在点 $z=1$ 处可导，在复平面上处处不解析．

习题 3 答案

1．（1）$\frac{1}{3}(3+\mathrm{i})^3$；　（2）$\frac{1}{3}(3+\mathrm{i})^3$．

2．（1）因为 C 是围绕 $\frac{1}{2}$ 的闭曲线，所以 $\oint_C\frac{\mathrm{d}z}{z-\frac{1}{2}}=2\pi\mathrm{i}$；

（2）因为 $z\mathrm{e}^z$ 在复平面上处处解析，所以 $\oint_C z\mathrm{e}^z\mathrm{d}z=0$；

（3）$\oint_C\frac{\mathrm{d}z}{\left(z-\frac{\mathrm{i}}{2}\right)(z+2)}=\frac{2}{4+\mathrm{i}}\left[\oint_C\frac{\mathrm{d}z}{z-\frac{\mathrm{i}}{2}}-\oint_C\frac{\mathrm{d}z}{z+2}\right]=\frac{2}{4+\mathrm{i}}(2\pi\mathrm{i}+0)=\frac{4\pi\mathrm{i}}{4+\mathrm{i}}$．

3.（1）0；（2）0；（3）0；（4）0；（5）0；（6）0.

4.（1）$2\pi e^2 i$；（2）$\dfrac{\pi}{a}i$；（3）$\dfrac{\pi}{e}$；（4）0；（5）$4\pi i$；（6）$-2\pi i$.

5.（1）0；（2）0；（3）0；（4）$\dfrac{2\pi i}{3}$；（5）$\dfrac{\pi i}{2}$；（6）$\dfrac{5\pi i}{16}$.

自测题 3 答案

1.（1）$\dfrac{1}{3}(3+i)^3$.

2.（1）$2\pi i$.

3.（1）0；（2）0；（3）0.

4.（1）$\dfrac{\pi}{12}i$；（2）0.

5.（1）$\oint_C \dfrac{e^z}{z-2}dz$，$C:|z-2|=1$.

由柯西积分公式 $\oint_C \dfrac{e^z}{z-2}dz = 2\pi i e^z|_{z=2} = 2\pi i e^2$.

（2）$\oint_C \dfrac{1}{z^2-a^2}dz$, $|z-a|=a$.

由柯西积分公式 $\oint_C \dfrac{1}{z^2-a^2}dz = \oint_C \dfrac{\frac{1}{z+a}}{z-a}dz = 2\pi i \left.\dfrac{1}{z+a}\right|_{z=a} = \dfrac{\pi i}{a}$；

（3）$\oint \dfrac{e^{iz}}{z^2+1}dz$，$|z-2i|=\dfrac{3}{2}$.

由柯西积分公式 $\oint_C \dfrac{e^{iz}}{z^2+1}dz = \oint_C \dfrac{\frac{e^{iz}}{z+i}}{z-i}dz = 2\pi i \left.\dfrac{e^{iz}}{z+i}\right|_{z=i} = \dfrac{\pi}{e}$；

（4）$\oint_C \dfrac{z}{z-3}dz$，$|z|=2$.

因为被积函数 $\dfrac{z}{z-3}$ 在 $|z|=2$ 内解析，所以 $\oint_C \dfrac{z}{z-3}dz = 0$.

6.（1）$\oint_C \left(\dfrac{4}{z+1}+\dfrac{3}{z+2i}\right)dz$，其中 $C:|z|=4$ 为正向.

$$\oint_C \left(\frac{4}{z+1}+\frac{3}{z+2i}\right)dz = \oint_C \frac{4}{z+1}dz + \oint_C \frac{3}{z+2i}dz = 4\cdot 2\pi i + 3\cdot 2\pi i = 14\pi i;$$

（2）$\oint_C \dfrac{2i}{z^2+1}dz$，其中 $C:|z-1|=6$ 为正向.

根据复合闭路定理，

$$\oint_C \frac{2\mathrm{i}}{z^2+1}\mathrm{d}z = \oint_C \frac{2\mathrm{i}}{(z-\mathrm{i})(z+\mathrm{i})}\mathrm{d}z = \oint_{|z-\mathrm{i}|=\frac{1}{2}} \frac{\frac{2\mathrm{i}}{z+\mathrm{i}}}{z-\mathrm{i}}\mathrm{d}z + \oint_{|z+\mathrm{i}|=\frac{1}{2}} \frac{\frac{2\mathrm{i}}{z-\mathrm{i}}}{z+\mathrm{i}}\mathrm{d}z$$

$$= 2\pi\mathrm{i}\left.\frac{2\mathrm{i}}{z+\mathrm{i}}\right|_{z=\mathrm{i}} + 2\pi\mathrm{i}\left.\frac{2\mathrm{i}}{z-\mathrm{i}}\right|_{z=-\mathrm{i}} = 0 .$$

习题 4 答案

1．$1-z^3+z^6-\cdots$，$R=1$．

2．$\sum\limits_{n=1}^{\infty}(-1)^{n-1}\frac{(z-1)^n}{2^n}$，$R=2$．

3．（1）$\sum\limits_{n=1}^{\infty}(-1)^{n-1}nz^{n-1}=\sum\limits_{n=0}^{\infty}(-1)^n(n+1)z^n$ （$R=1$）；

（2）$\sum\limits_{n=1}^{\infty}(-1)^{n-1}nz^{2n+8}=\sum\limits_{n=0}^{\infty}(-1)^n(n+1)z^{2n+10}$ （$R=1$）；

（3）$\sum\limits_{n=0}^{\infty}(2^{-n-1}-3^{-n-1})z^n$ （$R=2$）；

（4）$\sum\limits_{n=0}^{\infty}(2^{-n-1}-3^{-n-1})z^{n+10}$ （$R=2$）；

（5）$\sum\limits_{n=0}^{\infty}\frac{(\sqrt{2})^n}{n!}\cos\frac{n\pi}{4}z^n$ （$R=\infty$）；

（6）$\sum\limits_{n=0}^{\infty}\frac{(\sqrt{2})^n}{n!}\cos\frac{n\pi}{4}z^{2n}$ （$R=\infty$）；

（7）$\sum\limits_{n=0}^{\infty}\frac{(-1)^n}{(2n+1)!}4^{2n+1}z^{4n+2}$ （$R=\infty$）；

（8）$2\sum\limits_{n=0}^{\infty}\frac{z^{2n+1}}{2n+1}$ （$R=1$）．

4．（1）$\frac{1}{5}\left(\cdots+\frac{2}{z^4}+\frac{1}{z^3}-\frac{2}{z^2}-\frac{1}{z}-\frac{1}{2}-\frac{z}{4}-\frac{z^2}{8}-\frac{z^3}{16}-\cdots\right)$；

（2）$\sum\limits_{n=0}^{\infty}\frac{(-1)^{n+1}}{(2n+1)!}(z-1)^{-2n-1}$；

（3）$\sum\limits_{n=0}^{\infty}\frac{(-1)^n}{(2n+1)!}(z+1)^{-2n+9}$；

（4）$\sum_{n=0}^{\infty}(z+1)^{-n-7}$.

自测题4答案

1.（1）$\sum_{n=0}^{\infty}(-1)^n\left(\frac{1}{3^{2n+1}}-\frac{1}{3^{n+1}}\right)(z-2)^n$，$R=3$.

2.（1）$\frac{1}{1+z^3}=\frac{1}{1-(-z^3)}=\sum_{n=0}^{\infty}(-z^3)^n=\sum_{n=0}^{\infty}(-1)^n z^{3n}$，$R=1$；

（2）已知$\frac{1}{1+z}=\sum_{n=0}^{\infty}(-1)^n z^n$，逐项求导得

$$-\frac{1}{(1+z)^2}=\sum_{n=1}^{\infty}(-1)^n nz^{n-1}，即\frac{1}{(1+z)^2}=\sum_{n=1}^{\infty}(-1)^{n-1}nz^{n-1},$$

将z换成z^2得

$$\frac{1}{(1+z^2)^2}=\sum_{n=1}^{\infty}(-1)^{n-1}nz^{2(n-1)}，R=1.$$

3.（1）$\frac{z-1}{z+1}=\frac{z-1}{2+z-1}=\frac{z-1}{2}\cdot\frac{1}{1+\frac{z-1}{2}}=\frac{z-1}{2}\sum_{n=0}^{\infty}(-1)^n\left(\frac{z-1}{2}\right)^n=\sum_{n=0}^{\infty}(-1)^n\frac{(z-1)^{n+1}}{2^{n+1}}$，

$R=2$；

（2）$\frac{z}{(z+1)(z+2)}=\frac{-1}{1+z}+\frac{2}{z+2}=-\frac{1}{3+z-2}+\frac{2}{4+z-2}=-\frac{1}{3}\cdot\frac{1}{1+\frac{z-2}{3}}+\frac{1}{2}\cdot\frac{1}{1+\frac{z-2}{4}}$

$$=-\frac{1}{3}\sum_{n=0}^{\infty}(-1)^n\frac{(z-2)^n}{3^n}+\frac{1}{2}\sum_{n=0}^{\infty}(-1)^n\frac{(z-2)^n}{4^n}$$

$$=\sum_{n=0}^{\infty}(-1)^n\left(\frac{2}{4^{n+1}}-\frac{2}{3^{n+1}}\right)(z-2)^n，R=3；$$

（3）$\frac{1}{z}=-\frac{1}{1-(z+1)}=-\sum_{n=0}^{\infty}(z+1)^n$，$\frac{1}{z^2}=\left(-\frac{1}{z}\right)'=\left[\sum_{n=0}^{\infty}(z+1)^n\right]'=\sum_{n=1}^{\infty}n(z+1)^{n-1}$，$R=1$.

4. $f(z)=\ln\left[3\left(1-\frac{2}{3}\right)z\right]=\ln 3+\ln\left(1-\frac{2z}{3}\right)$

$$=\ln 3+\sum_{n=1}^{\infty}\frac{(-1)^{n-1}}{n}\left(-\frac{2z}{3}\right)^n=\ln 3-\sum_{n=1}^{\infty}\frac{1}{n}\left(\frac{2}{3}\right)^n z^n，R=\frac{2}{3}.$$

5.（1）在$0<|z|<1$内，

$$\frac{1}{z(1-z)^2}=\frac{1}{z}\left(\frac{1}{1-z}\right)'=\frac{1}{z}\left(\sum_{n=0}^{\infty}z^n\right)'=\frac{1}{z}\sum_{n=1}^{\infty}nz^{n-1}=\sum_{n=1}^{\infty}nz^{n-2}=\sum_{n=-1}^{\infty}(n+2)z^n,$$

在 $0<|z-1|<1$ 内，

$$\frac{1}{z(1-z)^2}=\frac{1}{(z-1)^2}\cdot\frac{1}{1+(z-1)}=\frac{1}{(z-1)^2}\sum_{n=0}^{\infty}(-1)^n(z-1)^n$$

$$=\sum_{n=0}^{\infty}(-1)^n(z-1)^{n-2}=\sum_{n=-2}^{\infty}(-1)^n(z-1)^n;$$

（2）在 $0<|z-1|<1$ 内，

$$\frac{1}{(z-1)(z-2)}=-\frac{1}{z-1}\cdot\frac{1}{1-(z-1)}=\frac{1}{z-1}\sum_{n=0}^{\infty}(z-1)^n=\sum_{n=0}^{\infty}(z-1)^{n-1}=\sum_{n=-1}^{\infty}(z-1)^n,$$

在 $0<|z-2|<+\infty$ 内，

$$\frac{1}{(z-1)(z-2)}=\frac{1}{z-2}\cdot\frac{1}{1+(z-2)}=\frac{1}{(z-2)^2}\cdot\frac{1}{1+\frac{1}{z-2}}$$

$$=\frac{1}{(z-2)^2}\cdot\frac{1}{1+\frac{1}{z-2}}=\frac{1}{(z-2)^2}\sum_{n=0}^{\infty}(-1)^n\frac{1}{(z-2)^n}=\sum_{n=0}^{\infty}(-1)^n\frac{1}{(z-2)^{n+2}}.$$

6．因为 $0<|z|<1$，所以 $0<|\mathrm{i}z|<1$，

于是，$f(z)=\frac{1}{z^2}\cdot\frac{1}{1-\mathrm{i}z}=\frac{1}{z^2}\cdot\sum_{n=0}^{\infty}(\mathrm{i}z)^n=\sum_{n=0}^{\infty}\mathrm{i}^n z^{n-2}$.

习题 5 答案

1.（1）$z=0$，一级极点；$z=\pm\mathrm{i}$，二级极点；

（2）$z=0$，二级极点；

（3）$z=1$，二级极点；$z=-1$，一级极点；

（4）$z_k=k\pi$（$k=0,\pm1,\pm2,\cdots$），一级极点；

（5）$z=0$，二级极点；$z_k=2k\pi\,\mathrm{i}$（$k=\pm1,\pm2,\cdots$），一级极点；

（6）$z=0$，可去奇点；

（7）$z=1$，本性奇点；

（8）$z=0$，二级极点；$\pm\sqrt{k\pi},\pm\mathrm{i}\sqrt{k\pi}$（$k=1,2,\cdots$），一级极点.

2.（1）$\mathrm{Res}[f(z),0]=\frac{-1}{2}$；$\mathrm{Res}[f(z),2]=\frac{3}{2}$；

（2）$\mathrm{Res}[f(z),0]=\frac{-4}{3}$；

（3）$\mathrm{Res}[f(z),\mathrm{i}]=\frac{-3}{8}\mathrm{i}$；$\mathrm{Res}[f(z),-\mathrm{i}]=\frac{3}{8}\mathrm{i}$；

（4）$\mathrm{Res}[f(z),0]=0$；

（5）$\mathrm{Res}[f(z),1]=\dfrac{e}{2}$； $\mathrm{Res}[f(z),-1]=\dfrac{1}{2e}$；

（6）$\mathrm{Res}\left[f(z),k\pi+\dfrac{\pi}{2}\right]=(-1)^{k+1}\left(k\pi+\dfrac{\pi}{2}\right)$ （$k=0,\pm1,\pm2,\cdots$）；

（7）$\mathrm{Res}[f(z),0]=0$； $\mathrm{Res}[f(z),k\pi]=(-1)^k\dfrac{2}{k\pi}$ （$k=\pm1,\pm2,\cdots$）；

（8）$\mathrm{Res}[f(z),1]=0$；

3.（1）0；　（2）$4\pi e^2 i$；　（3）0；　（4）$2\pi i$；　（5）$4\pi i$；　（6）$-4\pi i$；

4*．$-\mathrm{sh}1$；　5*．$2\pi i$；　6*.（1）$\dfrac{\pi}{2}$；（2）$\dfrac{\pi\cos2}{e}$．

自测题 5 答案

1．因为 $\dfrac{\ln(z+1)}{z}=\dfrac{1}{z}\sum\limits_{n=1}^{\infty}(-1)^{n-1}\dfrac{z^n}{n}=1-\dfrac{z}{2}+\dfrac{z^2}{3}-\dfrac{z^3}{4}+\cdots$，所以 $z=0$ 为可去奇点.

2．由 $z^2\sin\dfrac{1}{z}=z^2\left(\dfrac{1}{z}-\dfrac{1}{3!z^3}+\dfrac{1}{5!z^5}-\dfrac{1}{7!z^7}+\cdots\right)=z-\dfrac{1}{3!z}+\dfrac{1}{5!z^3}-\dfrac{1}{7!z^5}+\cdots$，得

$c_{-1}=-\dfrac{1}{3!}$，

所以 $\mathrm{Res}\left[z^2\sin\dfrac{1}{z},\ 0\right]=-\dfrac{1}{3!}$．

3．$\mathrm{Res}\left[f(z),k\pi+\dfrac{\pi}{2}\right]=(-1)^{k+1}\left(k\pi+\dfrac{\pi}{2}\right)$ （$k=0,\pm1,\pm2,\cdots$）．

4．（1）$\oint_C\dfrac{e^z}{z-2}dz$，$C$: $|z-2|=1$．

$z=2$ 是被积函数在 C 内的一级极点，

所以 $\oint_C\dfrac{e^z}{z-2}dz=2\pi i\,\mathrm{Res}\left[\dfrac{e^z}{z-2},\ 2\right]=2\pi i\lim\limits_{z\to2}(z-2)\dfrac{e^z}{z-2}=2\pi ie^2$；

（2）$\oint_C\dfrac{1}{z^2-a^2}dz$，$|z-a|=a$．

$z=a$ 是被积函数在 C 内的一级极点，所以

$$\oint_C\frac{1}{z^2-a^2}dz=2\pi i\,\mathrm{Res}\left[\frac{1}{z^2-a^2},\ a\right]=2\pi i\lim_{z\to a}(z-a)\frac{1}{z^2-a^2}$$

$$=2\pi i\lim_{z\to a}\frac{1}{z+a}=\frac{\pi i}{a};$$

（3）$\oint_C\dfrac{e^{iz}}{z^2+1}dz$，$|z-2i|=\dfrac{3}{2}$．

$z=\mathrm{i}$ 是被积函数在 C 内的一级极点，所以

$$\oint_C \frac{\mathrm{e}^{\mathrm{i}z}}{z^2+1}\mathrm{d}z = 2\pi\mathrm{i}\,\mathrm{Re}s\left[\frac{\mathrm{e}^{\mathrm{i}z}}{z^2+1},\ \mathrm{i}\right] = 2\pi\mathrm{i}\lim_{z\to\mathrm{i}}(z-\mathrm{i})\frac{\mathrm{e}^{\mathrm{i}z}}{z^2+1} = 2\pi\mathrm{i}\lim_{z\to\mathrm{i}}\frac{\mathrm{e}^{\mathrm{i}z}}{z+\mathrm{i}} = \frac{\pi}{\mathrm{e}}.$$

5．$\oint_C \frac{2\mathrm{i}}{z^2+1}\mathrm{d}z$，其中 C：$|z-1|=6$ 为正向.

$z=-\mathrm{i}$ 和 $z=\mathrm{i}$ 是被积函数在 C 内的一级极点，所以

$$\oint_C \frac{2\mathrm{i}}{z^2+1}\mathrm{d}z = 2\pi\mathrm{i}\,\mathrm{Re}s\left[\frac{2\mathrm{i}}{z^2+1},\ \mathrm{i}\right] + 2\pi\mathrm{i}\,\mathrm{Re}s\left[\frac{2\mathrm{i}}{z^2+1},\ -\mathrm{i}\right]$$

$$= 2\pi\mathrm{i}\left[\left.\frac{2i}{(z^2+1)'}\right|_{z=\mathrm{i}} + \left.\frac{2\mathrm{i}}{(z^2+1)'}\right|_{z=-\mathrm{i}}\right] = 0.$$

6．$z=0$，可去极点.

7．$-12\mathrm{i}$.

8．因为 $\mathrm{Res}[f(z),0]=\frac{1}{4}$，$\mathrm{Res}[f(z),2]=\frac{\mathrm{e}^2}{4}$，

由留数定理 $I=2\pi\mathrm{i}\left\{\mathrm{Re}s[f(z),0]+\mathrm{Re}s[f(z),2]\right\} = 2\pi\mathrm{i}\left(\frac{1}{4}+\frac{\mathrm{e}^2}{4}\right) = \frac{\pi\mathrm{i}}{2}(1+\mathrm{e}^2)$.

附录2　积分变换习题与自测题提示及答案

习题6答案

1. $F(\omega)=\dfrac{A}{\mathrm{j}\omega}(1-\mathrm{e}^{-\mathrm{j}\omega\tau})$.

2.（1）$F(\omega)=4\dfrac{\sin\omega-\omega\cos\omega}{\omega^3}$ ；　$f(t)=\dfrac{4}{\pi}\displaystyle\int_0^{+\infty}\dfrac{\sin\omega-\omega\cos\omega}{\omega^3}\cos\omega t\mathrm{d}\omega$ ；

（2）$F(\omega)=\dfrac{2}{\mathrm{j}\omega}(1-\cos\omega)$ ；　$f(t)=\dfrac{2}{\pi}\displaystyle\int_0^{+\infty}\dfrac{1-\cos\omega}{\omega}\sin\omega t\mathrm{d}\omega$.

3.（1）$F(\omega)=\dfrac{2\beta}{\beta^2+\omega^2}$ ；　（2）$F(\omega)=-\dfrac{2\mathrm{j}\sin\omega\pi}{1-\omega^2}$.

4. $F(\omega)=\dfrac{4A}{\tau\omega^2}\left(1-\cos\dfrac{\omega\tau}{2}\right)$.

5. $\cos\omega_0 t$.

6. $\dfrac{1}{\pi}\dfrac{\sin t}{t}$.

7. $f(t)=\begin{cases}\dfrac{1}{2}, & |t|<1\\ \dfrac{1}{4}, & |t|=1\\ 0, & |t|>1\end{cases}$（提示：利用6题和对称性质）.

8.（1）$F(\omega)=\dfrac{1}{2}\mathrm{j}\pi\left[\delta(\omega+2)-\delta(\omega-2)\right]$ ；

（2）$F(\omega)=\pi\mathrm{e}^{\frac{\pi}{15}\mathrm{j}\omega}\left[\delta(\omega+5)+\delta(\omega-5)\right]$ ；

（3）$F(\omega)=\dfrac{\pi}{4}\mathrm{j}\left[\delta(\omega-3)-3\delta(\omega-1)+3\delta(\omega+1)-\delta(\omega+3)\right]$ ；

（4）$F(\omega)=\pi\delta(\omega)+\dfrac{1}{2}\pi\left[\delta(\omega+2)+\delta(\omega-2)\right]$.

9.（1）$F(\omega)=\pi\left[\delta'(\omega+1)+\delta'(\omega-1)\right]$ ；　（2）$F(\omega)=\mathrm{j}\pi\left[\delta(\omega+3)-\delta(\omega+1)\right]$ ；

（3）$F(\omega)=\dfrac{2\mathrm{j}}{\omega^3}-\pi\delta''(\omega)$ ；　（4）$F(\omega)=\dfrac{1}{(1+\mathrm{j}\omega)^2}$ ；

（5）$F(\omega)=2\pi\delta(\omega-\omega_0)+\mathrm{e}^{-\mathrm{j}\omega t_0}$ ；　（6）$F(\omega)=2\pi\delta(\omega)-2+3\mathrm{e}^{-\mathrm{j}\omega}\mathrm{j}\omega$.

10. $F(\omega)=\dfrac{2}{\mathrm{j}\omega}$.

11.（1）$F(\omega)=\frac{1}{2}F\left(-\frac{\omega}{2}\right)$；（2）$F(\omega)=F(\omega-a)$；

（3）$F(\omega)=\mathrm{j}\frac{1}{4}F'\left(\frac{\omega}{2}\right)$；（4）$F(\omega)=\frac{1}{2}F\left(\frac{\omega}{2}\right)\mathrm{e}^{\frac{5}{2}\mathrm{j}\omega}$；

（5）$F(\omega)=\mathrm{e}^{\mathrm{j}\omega}F(-\omega)$；（6）$F(\omega)=\mathrm{j}\left[F(\omega)+\omega F'(\omega)\right]$.

12.（1）$F(\omega)=\frac{1}{\beta+\mathrm{j}\omega}$；

（2）$F(\omega)=\frac{1}{(\beta+\mathrm{j}\omega)^2}$；

（3）$F(\omega)=\pi\left[\delta(\omega)+\delta(\omega-2\omega_0)\right]$；

（4）$F(\omega)=\frac{1}{\mathrm{j}(\omega-\omega_0)}+\pi\delta(\omega-\omega_0)$；

（5）$F(\omega)=\mathrm{e}^{-\mathrm{j}\omega t_0}\frac{1}{\mathrm{j}(\omega+\omega_0)}+\pi\delta(\omega+\omega_0)$；

（6）$F(\omega)=-\frac{1}{(\omega+\omega_0)^2}+\mathrm{j}\pi\delta'(\omega+\omega_0)$.

13.（1）$f_1(t)*f_2(t)=u(t)(1-\mathrm{e}^{-t})$；（2）$f_1(t)*f_2(t)=2t^2$.

14.（1）$f(t)=u(t-1)$；

（2）$f(t)=\delta(t)-\beta u(t)\mathrm{e}^{-\beta t}$；

（3）$f(t)=1+\delta(t+2)+\delta(t+3)$；

（4）$f(t)=\delta(t)+\frac{1}{2}\left[\delta(t+1)+\delta(t-1)\right]$；

（5）$f(t)=\frac{1}{2\mathrm{j}}\left[\mathrm{e}^{\mathrm{j}}\delta(t+1)-\mathrm{e}^{-\mathrm{j}}\delta(t-1)\right]$；

（6）$f(t)=\frac{\cos t}{\pi}$.

自测题6答案

一、1. 1.　2. $\mathrm{e}^{\mathrm{j}\omega}+2\pi\delta(\omega+1)$；　3. $-\frac{1}{\omega^2}+\mathrm{j}\pi\delta(\omega)$；

4. $\mathrm{j}\pi\left[\delta(\omega+1)-\delta(\omega-1)\right]$；　5. $\pi\left[\delta(\omega+1)+\delta(\omega-1)\right]$；　6. $\frac{1}{2+\mathrm{j}\omega}$；

7. $\delta(t)$；　8. $2\pi\delta(\omega)$；　9. $F(\omega-1)$；　10. $\frac{1}{\mathrm{j}\omega}F(\omega)$.

二、$F(\omega)=\frac{2\sin\omega}{\omega}$.

三、$F(\omega)=-\frac{1}{(\omega-3)^2}+\mathrm{j}\pi\delta'(\omega-3)$.

四、$F(\omega)=-\dfrac{\mathrm{j}}{\omega(2+\mathrm{j}\omega)^2}$．

五、$[\delta(t)-2u(t)]\mathrm{e}^{-2t}$．

习题 7 答案

1．（1）$F(s)=\dfrac{3}{s}\left(1-\mathrm{e}^{-\frac{\pi}{2}s}\right)-\dfrac{1}{s^2+1}\mathrm{e}^{-\frac{\pi}{2}s}$；　（2）$F(s)=\dfrac{1}{s}(3-4\mathrm{e}^{-2s}+\mathrm{e}^{-4s})$．

2．（1）$F(s)=\dfrac{2}{4s^2+1}$；　（2）$F(s)=\dfrac{1}{s+2}$；　（3）$\dfrac{2}{s^3}$；　（4）$\dfrac{1}{s}$．

3．$\mathscr{L}[f(t)]\dfrac{1}{(1-\mathrm{e}^{-\pi s})(s^2+1)}$．

4．（1）$\mathscr{L}[f(t)]=\dfrac{1}{s(1+\mathrm{e}^{-as})}\operatorname{th}as$；　（2）$\mathscr{L}[f(t)]=\dfrac{1+bs}{s^2}-\dfrac{b}{s(1-\mathrm{e}^{-bs})}$．

5．（1）$F(s)=\dfrac{1}{s-2}+5$；　（2）$F(s)=1-\dfrac{1}{s^2+1}$；

（3）$F(s)=\dfrac{2}{s^3}+\dfrac{3}{s^2}+\dfrac{2}{s}$；　（4）$F(s)=\dfrac{1}{s}-\dfrac{1}{(s-1)^2}$；

（5）$F(s)=\dfrac{2}{(s-1)^3}-\dfrac{2}{(s-1)^2}+\dfrac{1}{s-1}$；

（6）$F(s)=\dfrac{n!}{(s-a)^{n+1}}$；　（7）$F(s)=\dfrac{s+1}{(s+1)^2+a^2}$；

（8）$F(s)=\dfrac{6}{(s+2)^2+6^2}$；　（9）$F(s)=\dfrac{s^2-a^2}{(s^2+a^2)^2}$；

（10）$F(s)=\dfrac{s}{(s^2+a^2)^2}$；　（11）$F(s)=\dfrac{1}{s}$；

（12）$F(s)=\mathrm{e}^{-\frac{5}{3}s}\dfrac{1}{s}$；　（13）$F(s)=\mathrm{e}^{-s}\dfrac{1}{s}+\mathrm{e}^{-s}\dfrac{1}{s^2}$；

（14）$F(s)=2\mathrm{e}^{-s}\dfrac{1}{s}+3\mathrm{e}^{-2s}\dfrac{1}{s}$．

6．（1）$F(s)=\dfrac{4(s+3)}{\left[(s+3)^2+4\right]^2}$；　（2）$F(s)=\dfrac{2(3s^2+12s+13)}{s^2\left[(s+3)^2+4\right]^2}$；

（3）$F(s)=\dfrac{1}{s}\dfrac{4(s+3)}{s\left[(s+3)^2+4\right]^2}$；　（4）$F(s)=\operatorname{arccot}\dfrac{s}{k}$；

（5）$F(s)=\operatorname{arccot}\dfrac{s+3}{2}$；　（6）$F(s)=\dfrac{1}{s}\operatorname{arccot}\dfrac{s+3}{2}$．

7．（1）$f(t)=\mathrm{e}^{-3t}$；　（2）$f(t)=\dfrac{t^3}{3!}$；

(3) $f(t)=\frac{1}{a}(e^{at}-1)$；　　(4) $f(t)=\frac{3}{2}e^{3t}-\frac{1}{2}e^{-t}$；

(5) $f(t)=\frac{1}{2}\sin 2t$；　　(6) $f(t)=\frac{1}{4}(1-\cos 2t)$；

(7) $f(t)=\frac{1}{10}\sin 2t+\frac{1}{15}\sin 3t$；　　(8) $f(t)=2\cos 3t+\sin 3t$；

(9) $f(t)=e^{-t}\sin t$；　　(10) $f(t)=\frac{t^3}{3!}e^{-4t}$；

(11) $f(t)=\frac{1}{3}\cos t-\frac{1}{3}\cos 2t$；　　(12) $\frac{1}{3}te^{-2t}+\frac{2}{9}e^{t}-\frac{2}{9}e^{-2t}$.

8. (1) $\ln 2$；　(2) $\frac{1}{2}\ln 2$；　(3) $\frac{1}{4}\ln 5$；　(4) $\frac{3}{13}$；　(5) 0；　(6) 6.

9. (1) $f(t)=\cos 2(t-5)$；　　(2) $f(t)=\frac{(t-2)^2}{2!}e^{-(t-2)}$；

(3) $f(t)=\frac{1}{2}t^2+\cos t-1$；　　(4) $f(t)=\frac{3}{2a}\sin at-\frac{1}{2}t\cos at$；

(5) $f(t)=\frac{1}{2}e^{-t}(\sin t-t\cos t)$；　　(6) $f(t)=(\frac{1}{2}t\cos 3t+\frac{1}{6}\sin 3t)e^{-2t}$；

(7) $f(t)=\frac{1}{2}te^{-2t}\sin t$；　　(8) $f(t)=\frac{2-e^{-t}-e^{t}}{t}$；

(9) $f(t)=\frac{e^{-t}-e^{t}}{t}$；　　(10) $f(t)=\frac{\sin t}{t}$.

10. (1) $f_1(t)*f_2(t)=t$；　　(2) $f_1(t)*f_2(t)=e^{t}-t-1$；

(3) $f_1(t)*f_2(t)=\frac{1}{2}t\sin t$；　　(4) $f_1(t)*f_2(t)=\frac{1}{6}t^3$；

(5) $f_1(t)*f_2(t)=1-\cos t$；　　(6) $f_1(t)*f_2(t)=\begin{cases}0, & t<a,\\ f(t-a), & a\leqslant t.\end{cases}$

11. (1) $y(t)=\frac{1}{4}\left[(7+2t)e^{-t}-3e^{-3t}\right]$；　　(2) $y(t)=1-\left(\frac{t^2}{2}+t+1\right)e^{-t}$；

(3) $y(t)=e^{-t}-e^{-2t}+\left(-e^{-(t-1)}+\frac{1}{2}e^{-2(t-1)}+\frac{1}{2}\right)u(t-1)$；

(4) $y(t)=-2\sin t-\cos 2t$；　　(5) $y(t)=te^{t}\sin t$；

(6) $y(t)=-\frac{1}{2}+\frac{1}{10}e^{2t}+\frac{2}{5}\cos t-\frac{1}{5}\sin t$；

(7) $-1+t+\frac{c}{2}t^2+\frac{1}{2}e^{-t}+\frac{1}{2}(\cos t-\sin t)$；

(8) $\begin{cases}x(t)=e^{t},\\ y(t)=e^{t};\end{cases}$　　(9) $\begin{cases}x(t)=u(t-1),\\ y(t)=u(t-1);\end{cases}$

（10）$\begin{cases} x(t)=\dfrac{2}{3}\mathrm{ch}(\sqrt{2}t)+\dfrac{1}{3}\cos t, \\ y(t)=-\dfrac{1}{3}\mathrm{ch}(\sqrt{2}t)+\dfrac{1}{3}\cos t, \\ z(t)=-\dfrac{1}{3}\mathrm{ch}(\sqrt{2}t)+\dfrac{1}{3}\cos t. \end{cases}$

12．（1）$y(t)=(1-t)\mathrm{e}^{-t}$；（2）$y(t)=\cos t+\sin t$；

（3）$y(t)=a\left(t+\dfrac{t^3}{6}\right)$；（4）$y(t)=at+u(t)-\cos t$．

13．$x(t)=\dfrac{k}{m}t$．

14．$i(t)=\dfrac{E}{R}\left(1-\mathrm{e}^{-\frac{R}{L}(t-t_0)}\right)$．

自测题 7 答案

一、1．1；　2．$\dfrac{2}{s^2+4}$；　3．$\dfrac{s-\mathrm{j}}{(s-\mathrm{j})^2+4}$；　4．$\dfrac{s^2-1}{(s^2+1)^2}$；

5．$\dfrac{-1}{(s-1)^2}$；　6．$\dfrac{1}{s(s-1)^2}$；　7．$\dfrac{t^9}{9!}\mathrm{e}^t$；　8．$\delta^{(5)}(t)+10\delta(t)$；

9．$\delta(t)-2\mathrm{e}^{-2t}$；　10．$\mathscr{L}[f(t)]=\dfrac{1}{1-\mathrm{e}^{-sT}}\int_0^T f(t)\mathrm{e}^{-st}\mathrm{d}t$．

二、$\mathscr{L}[f(t)]=\dfrac{1}{s+1}+\mathrm{e}^{-s}\dfrac{s}{s^2+1}-\dfrac{2s}{(s^2+1)^2}-\mathrm{e}^{-2s}$．

三、$f(t)=5\delta(t)+3u(t-3)-3u(t-5)$；

$\mathscr{L}[f(t)]=5+\dfrac{3}{s}\mathrm{e}^{-3s}-\dfrac{3}{s}\mathrm{e}^{-5s}$．

四、$f(t)=\mathrm{e}^{2t}+\sin t$．

五、$f(t)=2\mathrm{e}^{-2t}\cos 3t+\dfrac{1}{3}\mathrm{e}^{-2t}\sin 3t$．

六、$y(t)=\sin t$．

七、$y(t)=\dfrac{1}{2}\sin 2(t-2)u(t-2)+3\cos 2t$．

八、$f(t)=\dfrac{\mathrm{e}^{2t}-\cos t}{t}$．

附录3　变换简表

傅里叶变换简表

	$f(t)=\mathscr{F}\left[F(\omega)\right]$	$F(\omega)=\mathscr{F}\left[f(t)\right]$
	$f(t)=\dfrac{1}{2\pi}\int_{-\infty}^{+\infty}F(\omega)\mathrm{e}^{\mathrm{j}\omega t}\mathrm{d}\omega$	$F(\omega)=\int_{-\infty}^{+\infty}f(t)\mathrm{e}^{-\mathrm{j}\omega t}\mathrm{d}t$
1	矩形单脉冲 $f(t)=\begin{cases}E, & \lvert t\rvert\leqslant\dfrac{\tau}{2}\\ 0, & 其他\end{cases}$	$\dfrac{2E}{\omega}\dfrac{\omega\tau}{2}$
2	指数衰减函数 $f(t)=\begin{cases}0, & t<0\\ \mathrm{e}^{-\beta t}, & t\geqslant 0\end{cases}\quad(\beta>0)$	$\dfrac{1}{\beta+\mathrm{j}\omega}$
3	三角形脉冲 $f(t)=\begin{cases}\dfrac{2A}{\tau}\left(\dfrac{\tau}{2}+t\right), & -\dfrac{\tau}{2}\leqslant t<0\\ \dfrac{2A}{\tau}\left(\dfrac{\tau}{2}-t\right), & 0\leqslant t<\dfrac{\tau}{2}\\ 0, & \lvert t\rvert>\dfrac{\tau}{2}\end{cases}$	$\dfrac{4A}{\tau\omega^2}\left(1-\cos\dfrac{\omega\tau}{2}\right)$
4	钟形脉冲 $f(t)=A\mathrm{e}^{-\beta t^2}\quad(\beta>0)$	$A\sqrt{\dfrac{\pi}{\beta}}\mathrm{e}^{-\frac{\omega^2}{4\beta}}$
5	傅里叶核 $f(t)=\dfrac{\sin\omega_0 t}{\pi t}\quad(\omega_0>0)$	$F(\omega)=\begin{cases}1, & \lvert\omega\rvert<\omega_0\\ 0, & \lvert\omega\rvert>\omega_0\end{cases}$
6	高斯分布函数 $f(t)=\dfrac{1}{\sqrt{2\pi}\sigma}\mathrm{e}^{-\frac{t^2}{2\sigma^2}}$	$\mathrm{e}^{-\frac{\sigma^2\omega^2}{2}}$
7	矩形射频脉冲 $f(t)=\begin{cases}E\cos\omega_0 t, & \lvert t\rvert\leqslant\dfrac{\tau}{2}\\ 0, & 其他\end{cases}$	$\dfrac{E\tau}{2}\left[\dfrac{\sin\dfrac{(\omega-\omega_0)\tau}{2}}{\dfrac{\tau}{2}(\omega-\omega_0)}+\dfrac{\sin\dfrac{(\omega+\omega_0)\tau}{2}}{\dfrac{\tau}{2}(\omega+\omega_0)}\right]$
8	单位脉冲函数 $\delta(t)$	1

续表

	$f(t)=\mathscr{F}\left[F(\omega)\right]$	$F(\omega)=\mathscr{F}\left[f(t)\right]$
9	周期性脉冲函数 $f(t)=\sum_{n=-\infty}^{+\infty}\delta(t-nT)$（$T$ 为周期）	$\frac{2\pi}{T}\sum_{n=-\infty}^{+\infty}\delta(\omega-\frac{2n\pi}{T})$
10	$\cos\omega_0 t$	$\pi\left[\delta(\omega+\omega_0)+\delta(\omega-\omega_0)\right]$
11	$\sin\omega_0 t$	$\mathrm{j}\pi\left[\delta(\omega+\omega_0)-\delta(\omega-\omega_0)\right]$
12	单位阶跃函数 $u(t)$	$\frac{1}{\mathrm{j}\omega}+\pi\delta(\omega)$
13	$u(t-c)$	$\frac{1}{\mathrm{j}\omega}\mathrm{e}^{-\mathrm{j}\omega c}+\pi\delta(\omega)$
14	$tu(t)$	$-\frac{1}{\omega^2}+\pi\mathrm{j}\delta'(\omega)$
15	$t^n u(t)$	$\frac{n!}{(\mathrm{j}\omega)^{n+1}}+\pi\mathrm{j}^n\delta^{(n)}(\omega)$
16	$u(t)\sin at$	$\frac{a}{a^2-\omega^2}+\frac{\pi}{2\mathrm{j}}\left[\delta(\omega-\omega_0)-\delta(\omega+\omega_0)\right]$
17	$u(t)\cos at$	$\frac{\mathrm{j}\omega}{a^2-\omega^2}+\frac{\pi}{2}\left[\delta(\omega-\omega_0)+\delta(\omega+\omega_0)\right]$
18	$u(t)\mathrm{e}^{\mathrm{j}at}$	$\frac{1}{\mathrm{j}(\omega-a)}+\pi\delta(\omega-a)$
19	$u(t-c)\mathrm{e}^{\mathrm{j}at}$	$\frac{1}{\mathrm{j}(\omega-a)}\mathrm{e}^{-\mathrm{j}(\omega-a)c}+\pi\delta(\omega-a)$
20	$u(t)\mathrm{e}^{\mathrm{j}at}t^n$	$\frac{n!}{\left[\mathrm{j}(\omega-a)\right]^n}+\pi\mathrm{j}^n\delta^{(n)}(\omega-a)$
21	$\mathrm{e}^{a\lvert t\rvert}$, $\mathrm{Re}(a)<0$	$\frac{-2a}{\omega^2+a^2}$
22	$\delta(t-c)$	$\mathrm{e}^{-\mathrm{j}\omega c}$
23	$\delta'(t)$	$\mathrm{j}\omega$
24	$\delta^{(n)}(t)$	$(\mathrm{j}\omega)^n$
25	$\delta^{(n)}(t-c)$	$(\mathrm{j}\omega)^n\ \mathrm{e}^{-\mathrm{j}\omega c}$
26	1	$2\pi\delta(\omega)$

续表

	$f(t)=\mathscr{F}\left[F(\omega)\right]$	$F(\omega)=\mathscr{F}\left[f(t)\right]$
27	t	$2\pi\mathrm{j}\delta'(\omega)$
28	t^n	$2\pi\mathrm{j}^n\delta^{(n)}(\omega)$
29	$\mathrm{e}^{\mathrm{j}at}$	$2\pi\delta(\omega-a)$
30	$t^n\mathrm{e}^{\mathrm{j}at}$	$2\pi\mathrm{j}^n\delta^{(n)}(\omega-a)$
31	$\dfrac{1}{a^2+t^2}$，$\mathrm{Re}\,(a)<0$	$-\dfrac{\pi}{a}\mathrm{e}^{a\lvert\omega\rvert}$
32	$\dfrac{t}{(a^2+t^2)^2}$，$\mathrm{Re}\,(a)<0$	$\dfrac{\mathrm{j}\omega\pi}{2a}\mathrm{e}^{a\lvert\omega\rvert}$
33	$\dfrac{\mathrm{e}^{\mathrm{j}bt}}{a^2+t^2}$，$\mathrm{Re}\,(a)<0$，$b$ 为实数	$-\dfrac{\pi}{a}\mathrm{e}^{a\lvert\omega-b\rvert}$
34	$\dfrac{\cos bt}{a^2+b^2}$，$\mathrm{Re}\,(a)<0$，b 为实数	$-\dfrac{\pi}{2a}\left[\mathrm{e}^{a\lvert\omega-b\rvert}+\mathrm{e}^{a\lvert\omega+b\rvert}\right]$
35	$\dfrac{\sin bt}{a^2+t^2}$，$\mathrm{Re}\,(a)<0$，b 为实数	$-\dfrac{\pi}{2a\mathrm{j}}\left[\mathrm{e}^{a\lvert\omega-b\rvert}-\mathrm{e}^{a\lvert\omega+b\rvert}\right]$
36	$\dfrac{\mathrm{sh}\,at}{\mathrm{sh}\,\pi t}$，$-\pi<a<\pi$	$\dfrac{\sin a}{\mathrm{ch}\,\omega+\cos a}$
37	$\dfrac{\mathrm{sh}\,at}{\mathrm{ch}\,\pi t}$，$-\pi<a<\pi$	$-2\mathrm{j}\dfrac{\sin\dfrac{a}{2}\mathrm{sh}\dfrac{\omega}{2}}{\mathrm{ch}\,\omega+\cos a}$
38	$\dfrac{\mathrm{ch}\,at}{\mathrm{ch}\,\pi t}$，$-\pi<a<\pi$	$2\dfrac{\cos\dfrac{a}{2}\mathrm{ch}\dfrac{\omega}{2}}{\mathrm{ch}\,\omega+\cos a}$
39	$\dfrac{1}{\mathrm{ch}\,at}$	$\dfrac{\pi}{a}\dfrac{1}{\mathrm{ch}\dfrac{\pi\omega}{2a}}$
40	$\sin at^2$	$\sqrt{\dfrac{\pi}{a}}\cos\left(\dfrac{\omega^2}{4a}+\dfrac{\pi}{4}\right)$
41	$\cos at^2$	$\sqrt{\dfrac{\pi}{a}}\cos\left(\dfrac{\omega^2}{4a}-\dfrac{\pi}{4}\right)$
42	$\dfrac{1}{t}\sin at$	$\begin{cases}\pi, & \lvert\omega\rvert\leqslant a\\ 0, & \lvert\omega\rvert>a\end{cases}$

续表

	$f(t)=\mathscr{F}^{-1}[F(\omega)]$	$F(\omega)=\mathscr{F}[f(t)]$
43	$\frac{1}{t^2}\sin^2 at$	$\begin{cases}\pi(a-\frac{\lvert\omega\rvert}{2}), & \lvert\omega\rvert\leqslant 2a\\ 0, & \lvert\omega\rvert>2a\end{cases}$
44	$\frac{\sin at}{\sqrt{\lvert t\rvert}}$	$\mathrm{j}\sqrt{\frac{\pi}{2}}\left(\frac{1}{\sqrt{\lvert\omega+a\rvert}}-\frac{1}{\sqrt{\lvert\omega-a\rvert}}\right)$
45	$\frac{\cos at}{\sqrt{\lvert t\rvert}}$	$\sqrt{\frac{\pi}{2}}\left(\frac{1}{\sqrt{\lvert\omega+a\rvert}}+\frac{1}{\sqrt{\lvert\omega-a\rvert}}\right)$
46	$\frac{1}{\sqrt{\lvert t\rvert}}$	$\sqrt{\frac{2\pi}{\lvert\omega\rvert}}$
47	$\operatorname{sgn} t$	$\frac{2}{\mathrm{j}\omega}$
48	e^{-at^2}，$\mathrm{Re}(a)>0$	$\sqrt{\frac{\pi}{a}}\mathrm{e}^{-\frac{\omega^2}{4a}}$
49	$\lvert t\rvert$	$-\frac{2}{\omega^2}$
50	$\frac{1}{\lvert t\rvert}$	$\sqrt{\frac{2\pi}{\lvert\omega\rvert}}$

拉普拉斯变换简表

	$f(t)$	$F(s)$
1	1	$\frac{1}{s}$
2	e^{at}	$\frac{1}{s-a}$
3	t^m （$m>-1$）	$\frac{\Gamma(m+1)}{s^{m+1}}$
4	$t^m\mathrm{e}^{at}$ （$m>-1$）	$\frac{\Gamma(m+1)}{(s-a)^{m+1}}$
5	$\sin at$	$\frac{a}{s^2+a^2}$

续表

	$f(t)$	$F(s)$
6	$\cos at$	$\dfrac{s}{s^2+a^2}$
7	$\mathrm{sh}\, at$	$\dfrac{a}{s^2-a^2}$
8	$\mathrm{ch}\, at$	$\dfrac{s}{s^2-a^2}$
9	$t\sin at$	$\dfrac{2as}{(s^2+a^2)^2}$
10	$t\cos at$	$\dfrac{s^2-a^2}{(s^2+a^2)^2}$
11	$t\,\mathrm{sh}\, t$	$\dfrac{2as}{(s^2-a^2)^2}$
12	$t\,\mathrm{ch}\, t$	$\dfrac{s^2+a^2}{(s^2-a^2)^2}$
13	$t^m\sin at$ （$m>-1$）	$\dfrac{\Gamma(m+1)}{2\mathrm{j}(s^2+a^2)m+1}$ $\left[(s+\mathrm{j}a)^{m+1}-(s-\mathrm{j}a)^{m+1}\right]$
14	$t^m\cos at$ （$m>-1$）	$\dfrac{\Gamma(m+1)}{2(s^2+a^2)m+1}$ $\left[(s+\mathrm{j}a)^{m+1}+(s-\mathrm{j}a)^{m+1}\right]$
15	$\mathrm{e}^{-bt}\sin at$	$\dfrac{a}{(s+b)^2+a^2}$
16	$\mathrm{e}^{-bt}\cos at$	$\dfrac{s+b}{(s+b)^2+a^2}$
17	$\mathrm{e}^{-bt}\sin(at+c)$	$\dfrac{(s+b)\sin c+a\cos c}{(s+b)^2+a^2}$
18	$\sin^2 t$	$\dfrac{1}{2}\left(\dfrac{1}{s}-\dfrac{s}{s^2+4}\right)$
19	$\cos^2 t$	$\dfrac{1}{2}\left(\dfrac{1}{s}+\dfrac{s}{s^2+4}\right)$
20	$\sin at\sin bt$	$\dfrac{2abs}{\left[s^2+(a+b)^2\right]\left[s^2+(a-b)^2\right]}$

续表

	$f(t)$	$F(s)$
21	$e^{at}-e^{bt}$	$\frac{a-b}{(s-a)(s-b)}$
22	$ae^{at}-be^{bt}$	$\frac{(a-b)s}{(s-a)(s-b)}$
23	$\frac{1}{a}\sin at-\frac{1}{b}\sin bt$	$\frac{b^2-a^2}{(s^2+a^2)(s^2+b^2)}$
24	$\cos at-\cos bt$	$\frac{(b^2-a^2)s}{(s^2+a^2)(s^2+b^2)}$
25	$\frac{1}{a^2}(1-\cos at)$	$\frac{1}{s(s^2+a^2)}$
26	$\frac{1}{a^3}(at-\sin at)$	$\frac{1}{s^2(s^2+a^2)}$
27	$\frac{1}{a^4}(\cos at-1)+\frac{1}{2a^2}t^2$	$\frac{1}{s^3(s^2+a^2)}$
28	$\frac{1}{a^4}(\operatorname{ch} at-1)-\frac{1}{2a^2}t^2$	$\frac{1}{s^3(s^2-a^2)}$
29	$\frac{1}{2a^3}(\sin at-at\cos at)$	$\frac{1}{(s^2+a^2)^2}$
30	$\frac{1}{2a}(\sin at+at\cos at)$	$\frac{s^2}{(s^2+a^2)^2}$
31	$\frac{1}{a^4}(1-\cos at)-\frac{1}{2a^3}t\sin at$	$\frac{1}{s(s^2+a^2)^2}$
32	$(1-at)e^{-at}$	$\frac{s}{(s+a)^2}$
33	$t(1-\frac{a}{2}t)e^{-at}$	$\frac{s}{(s+a)^3}$
34	$\frac{1}{a}(1-e^{-at})$	$\frac{1}{s(s+a)}$
35[①]	$\frac{1}{ab}+\frac{1}{b-a}\left(\frac{e^{-bt}}{b}-\frac{e^{-at}}{a}\right)$	$\frac{1}{s(s+a)(s+b)}$

	$f(t)$	$F(s)$
36[①]	$\dfrac{e^{-at}}{(b-a)(c-a)}+\dfrac{e^{-bt}}{(a-b)(c-b)}+\dfrac{e^{-ct}}{(a-c)(b-c)}$	$\dfrac{1}{(s+a)(s+b)(s+c)}$
37[①]	$\dfrac{ae^{-at}}{(a-b)(c-a)}+\dfrac{be^{-bt}}{(a-b)(b-c)}+\dfrac{ce^{-ct}}{(c-a)(b-c)}$	$\dfrac{s}{(s+a)(s+b)(s+c)}$
38[①]	$\dfrac{a^2e^{-at}}{(c-a)(b-a)}+\dfrac{b^2e^{-bt}}{(a-b)(c-b)}+\dfrac{c^2e^{-ct}}{(b-c)(a-c)}$	$\dfrac{s^2}{(s+a)(s+b)(s+c)}$
39[①]	$\dfrac{e^{-at}-e^{-bt}\left[1-(a-b)t\right]}{(a-b)^2}$	$\dfrac{1}{(s+a)(s+b)^2}$
40[①]	$\dfrac{\left[a-b(a-b)t\right]e^{-bt}-ae^{-at}}{(a-b)^2}$	$\dfrac{s}{(s+a)(s+b)^2}$
41	$e^{-at}-e^{\frac{at}{2}}\left(\cos\dfrac{\sqrt{3}}{2}at-\sqrt{3}\sin\dfrac{\sqrt{3}}{2}at\right)$	$\dfrac{3a^2}{s^3+a^3}$
42	$\sin at\,\mathrm{ch}\,at-\cos at\,\mathrm{sh}\,at$	$\dfrac{4a^3}{s^4+a^4}$
43	$\dfrac{1}{2a^2}(\sin at\,\mathrm{sh}\,at)$	$\dfrac{s}{s^4+a^4}$
44	$\dfrac{1}{2a^3}(\mathrm{sh}\,at-\sin at)$	$\dfrac{1}{s^4-a^4}$
45	$\dfrac{1}{2a^2}(\mathrm{ch}\,at-\cos at)$	$\dfrac{s}{s^4-a^4}$
46	$\dfrac{1}{\sqrt{\pi t}}$	$\dfrac{1}{\sqrt{s}}$
47	$2\sqrt{\dfrac{t}{\pi}}$	$\dfrac{1}{s\sqrt{s}}$
48	$\dfrac{1}{\sqrt{\pi t}}e^{at}(1+2at)$	$\dfrac{s}{(s-a)\sqrt{s-a}}$
49	$\dfrac{1}{2\sqrt{\pi t^3}}(e^{bt}-e^{at})$	$\sqrt{s-a}-\sqrt{s-b}$
50	$\dfrac{1}{\sqrt{\pi t}}\cos 2\sqrt{at}$	$\dfrac{1}{\sqrt{s}}e^{-\frac{a}{s}}$
51	$\dfrac{1}{\sqrt{\pi t}}\sin 2\sqrt{at}$	$\dfrac{1}{s\sqrt{s}}e^{-\frac{a}{s}}$

续表

	$f(t)$	$F(s)$
52	$\frac{1}{\sqrt{\pi t}}\operatorname{ch}2\sqrt{at}$	$\frac{1}{\sqrt{s}}e^{\frac{a}{s}}$
53	$\frac{1}{\sqrt{\pi t}}\operatorname{sh}2\sqrt{at}$	$\frac{1}{s\sqrt{s}}e^{\frac{a}{s}}$
54	$\frac{1}{t}(e^{bt}-e^{at})$	$\ln\frac{s-a}{s-b}$
55	$\frac{2}{t}\operatorname{sh}at$	$\ln\frac{s+a}{s-a}=2\operatorname{Arth}\frac{a}{s}$
56	$\frac{2}{t}(1-\cos at)$	$\ln\frac{s^2+a^2}{s^2}$
57	$\frac{2}{t}(1-\operatorname{ch}at)$	$\ln\frac{s^2-a^2}{s^2}$
58	$\frac{1}{t}\sin at$	$\arctan\frac{a}{s}$
59	$\frac{1}{t}(\operatorname{ch}at-\cos bt)$	$\ln\sqrt{\frac{s^2+b^2}{s^2-a^2}}$
60[②]	$\frac{1}{\pi t}\sin(2a\sqrt{t})$	$\operatorname{erf}\left(\frac{a}{\sqrt{s}}\right)$
61[②]	$\frac{1}{\sqrt{\pi t}}e^{-2a\sqrt{t}}$	$\frac{1}{\sqrt{s}}e^{\frac{a^2}{s}}\operatorname{erfc}\left(\frac{a}{\sqrt{s}}\right)$
62[②]	$\operatorname{erfc}\left(\frac{a}{2\sqrt{t}}\right)$	$\frac{1}{s}e^{-a\sqrt{s}}$
63[②]	$\operatorname{erf}\left(\frac{t}{2a}\right)$	$\frac{1}{s}e^{a^2s^2}\operatorname{erfc}(as)$
64[②]	$\frac{1}{\sqrt{\pi t}}e^{-2\sqrt{at}}$	$\frac{1}{\sqrt{s}}e^{\frac{a}{s}}\operatorname{erfc}\left(\sqrt{\frac{a}{s}}\right)$
65[②]	$\frac{1}{\sqrt{\pi(t+a)}}$	$\frac{1}{\sqrt{s}}e^{as}\operatorname{erfc}(\sqrt{as})$
66[②]	$\frac{1}{\sqrt{a}}\operatorname{erf}\sqrt{at}$	$\frac{1}{s\sqrt{s+a}}$
67[②]	$\frac{1}{\sqrt{a}}e^{at}\operatorname{erf}(\sqrt{at})$	$\frac{1}{\sqrt{s}(s-a)}$

续表

	$f(t)$	$F(s)$
68	$u(t)$	$\frac{1}{s}$
69	$tu(t)$	$\frac{1}{s^2}$
70	$t^m u(t)$（$m>-1$）	$\frac{1}{s^{m+1}}\Gamma(m+1)$
71	$\delta(t)$	1
72	$\delta'(t)$	s
73	$\operatorname{sgn} t$	$\frac{2}{s}$
74③	$J_0(at)$	$\frac{1}{\sqrt{s^2+a^2}}$
75③	$I_0(at)$	$\frac{1}{\sqrt{s^2-a^2}}$
76③	$J_0(2\sqrt{at})$	$\frac{1}{s}\mathrm{e}^{-\frac{a}{s}}$
77③	$\mathrm{e}^{-bt}I_0(at)$	$\frac{1}{\sqrt{(s+b)^2-a^2}}$
78③	$tJ_0(at)$	$\frac{s}{(s^2+a^2)^{\frac{3}{2}}}$
79③	$tI_0(at)$	$\frac{s}{(s^2-a^2)^{\frac{3}{2}}}$
80③	$J_0(a\sqrt{t(t+2b)})$	$\frac{1}{\sqrt{s^2+a^2}}\mathrm{e}^{b(s-\sqrt{s^2+a^2})}$

注：①式中 a,b,c 为不相等的常数.

② $\operatorname{erf}(x)=\frac{2}{\sqrt{\pi}}\int_0^x \mathrm{e}^{-t^2}\mathrm{d}t$，称为误差函数.

$\operatorname{erfc}(x)=1-\operatorname{erf}(x)=\frac{2}{\sqrt{\pi}}\int_x^{+\infty}\mathrm{e}^{-t^2}\mathrm{d}t$，称为舍入误差函数.

③ $I_n(x)=\mathrm{j}^{-n}J_n(\mathrm{j}x)$，$J_n$ 称为第一类 n 阶贝塞尔（Bessel）函数，I_n 称为第一类 n 阶变形的贝塞尔函数，或称为虚宗量的贝塞尔函数.

参考文献

[1] 钟玉泉. 复变函数论. 第二版. 北京：高等教育出版社，1998.

[2] 祝同江. 工程数学·积分变换. 第二版. 北京：高等教育出版社，2001.

[3] 李建林. 复变函数与积分变换典型题分析与解集. 第二版. 西安：西北工业大学出版社，2000.

[4] 牛少彰. 工程数学. 复变函数. 北京：北京邮电大学出版社，2004.

[5] 西安交通大学应用数学系. 工程数学. 复变函数. 第四版. 北京：高等教育出版社，1996.

[6] 上海交通大学应用数学系. 复变函数. 上海：上海交通大学出版社，1988.

[7] 华中理工大学数学教研室. 复变函数与积分变换. 北京：高等教育出版社，1999.

[8] 周正中，郑吉富. 复变函数与积分变换. 北京：高等教育出版社，1995.

[9] 张翠莲. 复变函数与积分变换. 第二版. 北京：中国水利水电出版，2014.